KB154394

노산이어도
괜찮아!

김보영 · 이희준 지음

그래도봄

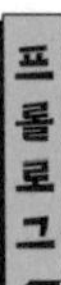

프롤로그

내가 세 아이의 엄마라니, 아직도 믿기지 않는다. 주민등록 등본을 떼거나, 공영주차장에서 다자녀 할인 혜택을 받을 때면 '내가 애가 셋이었지' 깨닫고는 새삼 놀란다.

결혼을 하고 이듬해 첫째 아이를 낳았다. 4년 뒤 둘째가 생겼고 8년 동안 나는 딸 둘의 엄마였다. 애가 둘인데도 "셋째는 안 갖느냐?"는 말을 심심치 않게 들었다. 딸만 둘이기 때문이었을 것이다. 딸만 둘인 게 뭐가 어때서? 게다가 나는 워킹맘이었다. 일하며 두 아이를 키우는 것도 벅찼다. 그나마 친정 엄마의 도움이 없었다면 엄두도 내지 못했을 것이다.

셋째를 갖게 되리라고 상상도 해본 적 없었는데, 늦은 나이에 임신을 했다. 당시 우리 식구는 미국 샌디에이고에 머물고 있었다. 남편이 미국 UCSD에서 연구교수로 2년 간 일하게 됐기 때문이다. 나는 13년간 다니던 직장을 그만두고 같은 대학 커뮤니케이션 학부의 연구원으로 자리를 옮겼다. 미국 땅을 밟은 것은 그때가 처음이었다. 도착해서 받은 첫 인상은 '땅이 넓어도 너무 넓구나'였다. 서울에서 흔히 보던 고층 빌딩 하나 없이 야트막한 단층 건물이 띄엄띄엄 자리한 모습이 신기하기만 했다. 이후 6개월은 어떻게 지났는지 모를 정도로 정신없이 보냈다. 집을 구하고 차를 사고 아이들을 새로운 환경에 적응시키는 모든 과정이 전에 없던 도전이었다. 평일에는 아이들을 학교에 데려다준 뒤 연구실에 출근해 논문을 읽었다. 오랜만에 하는 공부다 보니 시간 가는 줄 모르고 즐거웠다. 미국 연수는 열심히 일한 덕에 얻은 안식년 같았다.

그렇게 꿈 같은 시간을 보내던 중 셋째 임신 사실을 알게 됐다. 누구도 예상하지 못한 시나리오였다. 몇 년 있으면 완경이 가까울 나이에 무슨 일인지 당황스럽기만 했다. 남편은 달랐다. 마치 기다렸다는 듯 기쁨을 숨기지 않았다. 남편은 격양된 목소리로 말했다.

"우리가 솔이, 진이 키울 때 바빠서 육아에 기여를 많이 못 했잖아. 그래서 얻은 기회인 것 같아. 이제라도 제대로 부모 노릇 좀 해보라고."

틀린 말은 아니었다. 두 딸은 친정 엄마가 다 키워주신 것이나 다름없었다. 우리 부부는 결혼 후 7년 반 동안 친정집에 얹혀 살며 밤낮으로 아이들을 맡기고 각자 일에 몰두했었다. 어쩌면 이번에는 제대로 엄마가 될 기회일지도 모른다. 그렇다면 일을 계속하기는 어려울 것이다. 연수를 마치고 한국으로 돌아가 할 계획들이 풍선처럼 빵빵 터져나가는 순간이었다.

"그럼 나 일은 어떻게 해? 한국 가면 다시 일해야 할 텐데. 그리고 논문도 써야 하는데, 계속 연구할 수 있을까?"

지도 교수님 얼굴이 떠올랐다. 대체 뭐라고 말해야 하나. 공부하겠다고 일까지 그만두고 미국까지 와서 임신이라니. 그것도 마흔이 넘은 나이에. 얼굴이 홧홧했다.

임신은 축복과 동시에 부담이다. 특히 여성에게 그렇다. 지난 두 번의 임신, 출산으로 겪은 일들이 스쳐 지나갔다. 임신 사실을 회사에 알릴 때마다 나도 모르게 굽어가던 어깨, 기어들어가던 목소리. 남자들은 평생 겪을 일 없는, '아무 잘못 없이 죄지은 것 같은 기분'을 다시 겪어야 하다니, 착잡했다.

"임신한 게 뭐 잘못이야? 뭐가 어때. 교수님께 말할 때 혼자 가기 그러면 내가 같이 가줄 테니 걱정하지 마."

제 일이 아니라고 남편은 마냥 신이 나서 어쩔 줄 몰랐다. 내심 얄밉다가도 반대로 반기지 않았다면 더 서운했을 거라는 생각이 들었다. 저렇게 좋아하는데 일이 대수일까 싶기도 했다.

아기는 분명 축복이다. 지금도 임신을 소원하는 수많은 부부를 생각하면 길게 고민하는 것조차 죄일 것이다. 늦은 나이에 건강한 아이를 낳을 수 있을지, 더구나 타지에서 임신과 출산의 모든 과정을 무난히 치를 수 있을지 걱정이 한두 가지가 아니었지만 일단은 기뻐하기로 마음먹었다.

하지만 아이들의 반응은 부정적이었다. 특히 사춘기에 접어든 첫째는 띠동갑 동생의 등장을 반기지 않았다. 그런 아이를 타이르기도 나무라기도 여러 번. 막내가 두 돌이 지난 지금에서야 큰아이의 마음을 이해한다. 이제 겨우 중학생인데, 막내의 탄생으로 졸지에 어른 취급을 받는 게 억울했을 것이다. 새로 태어난 아기에게 모든 관심이 집중되는 것도 서운했을 것이다. 아직 어린 아이에게 무조건적인 이해를 바라고 강요한 것 같아 미안한 마음이다. 첫째에게는 모든 것이 서툰 엄마일 수밖에 없다는 것을 조금은 이해해줬으면 좋겠다. 젖을 물리는 것도, 목욕을 시키는 것도, 학부모가 되는 것도, 사춘기 딸의 엄마가 되는 것도 모두 처음 경험하는 일 아닌가. 첫째의 육아는 둘째, 셋째에 앞서 겪는 연습 게임과 같다. 그러므로 첫째 아이에게 더 많이 기대하고, 욕심 내고, 실수하고, 후회한다. "신이 어느 곳에나 있을 수 없어 어머니를 만들었다"고

하지만 내가 그만큼 아이들에게 무한한 사랑을 주고 있는지 반성한다. 좋은 엄마가 되는 건 세상에서 가장 어려운 일이다.

이 책은 셋째가 태어난 뒤 육아에 지칠 때마다 끄적인 글들을 모은 것이다. 모아보니 어쩌면 이리도 힘든 순간이 많았는지 새삼스럽다. 혹자는 "저 혼자 애 낳고 키우냐, 생색이 과하다"라고 할지 모르지만 출산과 육아는 웬만한 남자들의 군대 모험담 그 이상이다. 일어나 잠들기 전까지 매일 반복되는 일상 속에, 나는 없고 오직 아이만 존재하는 것 같아 괴로웠다. 하루 종일 방과 욕실 이외에 움직일 곳이 없다는 게 가슴이 메도록 답답했다. 아이가 너무 예뻐 죽을 것만 같다가도 이 아이 때문에 내 인생이 사그라지는구나 싶어 원망스러웠다. 하루에도 몇 번씩 널뛰는 이 감정들이 출산 후 흔히 겪는 산후우울감, 혹은 산후우울증이라는 것은 나중에야 알았다. 신생아를 키우는 많은 산모가 산후우울증을 겪는다고 한다. 엄마니까 마땅히 견뎌야 한다는 말은 또 다른 이름의 폭력이다. 산후우울증은 심각한 질병이다. 만일 비슷한 경험으로 현재 어려움을 겪고 있다면 반드시 주변에 도움을 요청하기 바란다.

이 책은 우리 가족의 지극히 개인적인 이야기지만 또 우리 모두의 이야기다. 고령 임신과 출산이 더 이상 특별한 일이 아닌 시대이기 때문이다. 특히 남편이 난임 전문의다 보니 아이를 갖기 위해 고군분투하는 난임 부부의 사연이 남의 일 같지 않다. 마흔둘에 아이를 낳고 키우는 나의 비루한 경험담이 임신을 계획하거나 출산을 앞둔 부부들에게 미약하나마 도움이 됐으면 좋겠다. 지금 이 시간에도 타인의 도움 없이 오롯이 혼자 힘으로 아이를 키우는 엄마들, 특히 노산 엄마들에게 진심을 담은 위로와 응원을 보낸다.

세 아이의 엄마

김보영

차례

02 육아 전쟁의 서막이 오르고

03 모든 아이가 상위 1%일 수는 없다

04 모성을 강요하지 맙시다

01
다시 엄마가 됐습니다

마흔둘에 다시 엄마가 되다

"헉. 두 줄이네."

임신을 확인한 순간, 기쁨과 함께 고민이 시작됐다. '이 나이에 건강한 아이를 낳을 수 있을까?'부터 시작된 걱정은 경력 단절로까지 이어졌다. 지금껏 어떻게 지켜온 커리어였던가. 아이를 낳을 때마다 직장에서 먹었던 눈칫밥도 떠올랐다. 큰아이를 낳았던 2008년만 해도 출산휴가는 당연한 권리가 아니었다. 법으로 보장돼 있었다 해도 당당히 쓰는 사람은 드물었다. 3개월간의 무급 휴가를 마치고 복직하던 날, 사무실에 들어서며 나도 모르게 움츠러드는 어깨를 펴기 위해 애쓰

던 모습이 주마등처럼 떠올랐다.

배 속 아이가 초등학교에 입학했을 때 우리 부부의 나이를 계산해봤다. 나는 쉰, 남편은 쉰다섯이다. 아무리 평균 출산 연령이 늦어졌다 해도 오십이 넘은 신입생 학부모는 흔치 않을 것이 분명하다. 가만있어 보자, 아이가 성인이 되면 환갑을 훌쩍 넘기게 된다. 남편과 손가락을 꼽으며 나이를 계산하다가 "막내 결혼식은 보고 죽을 수 있을까" 하며 쓰게 웃었다.

임신과 출산에서 나이, 특히 여성의 나이는 중요하다. 만 35세를 넘은 여성은 의학적으로 '고령 산모군'에 속한다. 고령 산모는 그렇지 않은 임산부에 비해 더 많은 검사와 주의를 필요로 한다. 아무리 세 번째라 해도 40대 출산이 쉽지 않을 것 같았다.

어쨌거나 임신테스터기의 두 줄을 확인한 이상 하루 빨리 병원을 찾아야 했다. 초음파를 통해 태아가 자궁 안에 제대로 착상됐는지 확인하고 주수도 체크해야 했다. 문제는 보험이었다. 당시 우리 네 식구는 미국 샌디에이고에 살고 있었다. 남편과 내가 각각 연구교수와 연구원 신분으로 미국 UCSD(University of California, San Diego) 대학에서 해외 연수 기회를 얻어 두 딸과 함께 타향살이 중인 터였다. 보통 우리처럼 2년 이내로 해외 연수를 가는 경우 떠나기 전에 국내에서 여행자

보험을 드는데, 보장 범위가 넓지 않다. 특히 비보험진료 과목인 산부인과와 치과는 보험 혜택을 받을 수 없다. 치과는 그렇다 치고, 산부인과에 갈 일이 있으리라고는 상상도 하지 못했다. 산부인과 진료를 보기 위해 보험 문제부터 해결해야 했다.

첫 단추부터 쉽지 않았다. 가뜩이나 언어도 자유롭지 않은 데다 보험 제도가 우리와 달라 무척 애를 먹었다. 미국은 공적 의료보험체계인 우리나라와 달리 민간의료보험이 주를 이룬다. 즉, 국가에서 보험을 들어주는 것이 아니라 개인이 직장 혹은 기관이 제공하는 의료보험에 개별적으로 가입해야 한다. 특히 미국의 의료비는 무척 고가라 병원에서는 보험의 종류에 따라 진료가 가능하기도 하고 불가능하기도 하다. 만일 환자가 보험을 가입하지 않았거나 보장 범위가 낮은 보험일 경우 병원은 진료를 거부할 수 있다는 뜻이다. 우리나라에서는 상상도 할 수 없는 일이다. 우리 의료보험을 세계 최고 수준으로 꼽는 이유를 절실히 실감할 수 있었다.

우여곡절 끝에 보험에 가입하고 다시는 찾을 일이 없을 줄 알았던 산부인과 진료실을 방문하던 날, 그 설레면서도 불안했던 기분이 지금도 생생하다. 미국 산부인과는 환자가 진료실에서 기다리고 있으면 의사 선생님이 회진을 돈다. 환자가 진료실 앞 대기 의자에 앉아 차례를 기다리다 들어가는 우리

나라와는 반대다. 아마 의사 한 명이 맡는 환자 수가 적기 때문에 가능한 시스템이 아닌가 싶다. 우리처럼 의사 한 명이 수많은 환자를 진료하는 환경에서는 불가능한 방식이다.

주치의는 50대쯤으로 보이는 백인 여자 선생님이었다. 금발에 안경을 쓰고 키가 큰 선생님은 초음파로 태아의 심장 소리를 들려주며 물었다.

"혹시 다른 자녀가 있나요?"

"네, 열한 살, 일곱 살 두 딸이 있어요."

"언니들이 동생을 잘 돌봐주겠네요. 임신이에요. 축하합니다."

진료를 마치고 병원 문을 나서며 우리 부부는 그제야 안도의 미소를 지었다. 일단 나이는 걱정하지 않기로 했다. 출산일까지 최선을 다해 건강을 유지하며 배 속의 아이를 잘 키워보자 다짐했다. 4월의 샌디에이고는 눈이 부시도록 푸르렀다. 초음파로 아기집을 확인하고 나니 새삼 우리에게 찾아온 셋째가 실감됐다. 무탈하게 건강한 아이를 낳을 수 있을지, 아이를 낳으면 어떻게 키워야 할지, 일은 계속할 수 있을지, 밀려오는 걱정들은 일단 제쳐두기로 했다. 이왕 벌어진 일, 어쩌겠는가? 어떻게든 되겠지. 우선 몸부터 잘 추스르는 게 가장 중요했다.

아침부터 외출을 했더니 시장기가 몰려왔다. 일단 가까운 햄버거 집으로 향했다. 미국에서도 서부 지역에만 있는 인앤아웃이라는 이름의 햄버거 집은 저렴한 가격에 썩 괜찮은 퀄리티를 자랑한다. 특히 메뉴판에 없는 애니멀 프라이(animal fries)가 일품인데, 감자튀김 위에 치즈를 잔뜩 올려주는 이 음식은 아는 사람만 시킬 수 있는 이른바 시크릿 메뉴다.

우리는 주문한 버거와 콜라를 먹으며, 아직 새끼 손톱만 할 크기의 셋째는 남자아이일지 여자아이일지, 어떻게 생긴 녀석일지 수다를 떨었다. 조금 전까지 머릿속에 가득하던 걱정들은 여전히 그대로인데 마치 염려 따위는 애초에 없었다는 듯 입안에 버거를 욱여넣은 채 실실 웃어댔다. 이번에는 어떤 아이가 우리에게 올까, 사뭇 기대감이 솟았다. 이번엔 남편을 닮은 씩씩한 아들이면 좋겠는데. 아니면 또 어떠리.

식사를 마치고 약국으로 가 엽산을 샀다. 미리 먹었어야 했는데, 계획하지 않은 임신인 탓에 준비하지 못한 것이 못내 걱정스러웠다. 진열대 위 수많은 영양제 중 성분과 함량을 꼼꼼히 따져 한 병을 골라 값을 치른 후 물과 함께 꿀떡 삼키며 생각했다. 긴 인생, 조금 늦고 이르고가 뭐가 그리 중요하겠냐고. 누가 또 아나, 아이 덕에 더 젊고 건강하게 오래오래 살게 될지. 그래, 한번 해보기로 결심했다. 닥치지 않은 미래의 일까지 미리 걱정하지 말기로. 우리 가족에게 뒤늦게 합류한 이 아이와 함께할 행복만 생각하기로.

긴 여행이 시작되는 순간이었다.

이희준 교수's
산부인과 클리닉

자연 임신과 영양제

자연 임신을 위해서는 배란일을 정확히 예상하는 것이 중요합니다. 배란이란 생리주기에 한 개의 성숙한 난자가 난소에서 나팔관으로 배출되는 것을 말합니다. 일반적으로 다음 생리를 시작하기 14일 전에 일어나며, 여성의 생리주기를 평균 28일로 봤을 때 생리 시작 후 14일째에 배란이 됩니다. 하지만 매달 생리주기가 조금씩 차이가 나기 때문에 임신을 준비한다면 정확하게 배란일을 체크해야 합니다. 그 방법을 다섯 가지로 정리했습니다.

생리주기로 배란일 찾기

생리주기를 28일로 봤을 때 앞의 14일을 난포기, 뒤의 14일을 황체기로 나눕니다. 이때 중간인 14일째를 배란일로 봅니다. 만일 생리주기가 28일에서 30일로 늘어났다면 이는 생리주기 28일 중 앞부분인 난포기가 2일 늘어난 것이고, 황체기 14일은 항상 고정이라고 봅니다. 다시 말해, 생리주기가 변하는 것은 난포기가 변하는 것입니다. 그러므로 생리가 시작됐다면 "아, 2주 전에 배란이 됐구나"라고 알 수 있겠지만

생리가 시작되기 전에는 언제 배란이 됐는지 정확히 예측하기 어렵죠. 이럴 때는 최소 3개월 동안의 생리주기를 따져 평균 생리주기를 계산한 뒤 황체기 14일을 뺀 남은 일수에서 마지막날에 배란이 된다는 것을 예상할 수 있습니다.

배란일 테스터기 사용하기

여성의 LH호르몬은 배란 직전에 급등합니다. 배란일 테스터기는 이를 소변으로 확인하는 방법입니다. 호르몬이 급등하면 배란일 테스터기가 두 줄로 표시되는데, 하루 또는 하루 반나절 이후에 배란이 된다고 보면 됩니다. 생리주기가 불규칙하다면 이 방법을 이용하는 게 좋습니다.

초음파로 난포 크기 측정하기

생리가 시작되고 5~7일 후면 난소 내에 존재하는 여러 개의 난포 중에 어떤 난포가 성장해 배란이 될지가 결정됩니다. 이렇게 선택된 난포를 '우성 난포(dominant follicle)'라고 부르는데요. 우성 난포가 자라서 하나의 난자가 배란이 되는 것입니다(난포는 난소 안에 있는 작은 물주머니로 그 안에 난자가 하나씩 있음). 질 초음파로 난포의 성장을 관찰하면 배란 날짜를 예측할 수 있습니다. 이는 병원에 내원해 진료를 봐야 합니다. 배란 예정일(다음 생리 예정일에서 14일을 뺀 날짜) 2일 정도 전에 내원해 난포가 터지는 주사를 맞으면 더 정확히 배란일을 예측할 수 있습니다. 이 주사를 맞으면 34~36시간 이후에 배란이 일어나게 됩니다.

기초체온 체크

여성들은 한 달 동안 평균적으로 체온이 낮아지는 저온기와 체온이 높아지는 고온기가 있습니다. 배란 직후에는 혈중 프로게스테론 농도가 증가하게 됩니다. 그러면 기초체온이 증가하고 이때 배란이 된 것으로 볼 수 있습니다. 생리 때부터 배란일까지 14일간 저온기, 배란일부터 생리 전 14일간까지가 고온기입니다. 체온이 0.3~0.5도 정도 차이가 나며 매일매일 기초체온을 측정해보면 기초체온이 올라간 것을 알 수 있습니다. 만약 생리가 불규칙하다면 기초체온이 저온으로 유지되다가 평소보다 더 오르면 이때가 배란 직후라고 보면 됩니다.

혈액검사 방법

혈중 LH호르몬이 증가하다가 감소하면 곧 배란이 일어날 것을 알 수 있습니다. 그리고 혈중 프로게스테론 농도가 3~5ng/ml 이상이면 배란이 일어났음을 알 수 있습니다. 혈액검사는 2, 3번 연속으로 검사해야 하고 침습적인 검사이므로 배란일을 예측하기 위해 외래에서 시행하는 경우는 흔하지 않습니다.

임신에 도움이 되는 영양제

엽산

임신을 준비한다면 임신 후 태아의 건강과 산모의 건강을 위해 영양에 신경을 써야 합니다. 특히 임신을 하면 태아에게 공급하기 위해 혈액량이 45%가량 늘어나는데 혈액을 만들 때 필요한 단백질, 철분, 엽산과 같은 영양소를 충분히 섭취하는 것이 중요합니다. 특히 엽산은 비타민 B의 일종(vit B9)으로 수용성 비타민입니다. 세포와 혈액 생성에 특히 중요한 역할을 하며, 임신 초기 태아의 신경관 결손이라는 중증 기형을 예방하는 필수적인 영양소입니다. 엽산은 임신 전 최소 3개월 전부터 임신 15~20주까지 복용해야 합니다. 또한 엽산은 건강한 정자 생산에도 도움이 되기 때문에 임신 준비 기간부터 부부가 함께 먹는 것이 좋습니다. 예비 부부를 포함한 모든 가임기 여성은 하루 400㎍ 이상의 엽산 섭취를 권고합니다. 최근에는 일반 엽산 대신 체내 흡수율이 훨씬 높은 활성엽산을 추천합니다.

코엔자임Q10

의학이 발달하면서 난임 환자의 임신 성공률이 점점 높아지는 추세지만, 여전히 임신 여부를 결정하는 가장 중요한 요소는 여성의 나이입니다. 여성의 생식 능력은 만 35세 이후 급격히 감소합니다. 난소 용적 감소와 난자의 염색체 이상이 증가할 뿐 아니라 난자 내 미토콘드리아 DNA에 돌연변이와 결실이 발생하기 때문에 노화된 난자가 수정되면 배아 발달 속도가 떨어지거나, 배아의 세포분열이 중단되는 현상을 쉽게 관찰할 수 있습니다. 즉, 난자와 배아는 그 속에 들어 있는 미토콘드리아 기능과 수량에 관련이 있습니다. 코엔자임Q10은 미토콘드리아가 에너지를 생성하는 과정에서 전자를 전달하는 중요한 보조효소로 코엔자임Q10 결핍증이 생기면 에너지가 잘 만들어지지 못합니다. 또한 유해 활성산소가 발생해 결국 미토콘드리아의 DNA가 손상되는 결과를 초래합니다. 특히 난소 기능이 감소된 (AMH 수치가 낮은) 30대 초반 여성이나, 임신 준비 중인 만 35세 이상의 여성이라면 코엔자임Q10을 섭취하는 것이 좋습니다. 코엔자임Q10의 일일 섭취 권장량은 최소 100mg 정도이며, 경우에 따라 200~300mg을 복용하기도 합니다. 특히 비타민 B군에 속한 엽산은 코엔자임Q10의 생합성에 필요한 영양소이므로 엽산과 코엔자임Q10을 함께 복용하면 더 좋은 효과를 볼 수 있습니다.

난소,
너마저 나이가 들다니

이런 말이 있다. "여자 나이 40대부터 미모의 기준은 피부와 머리숱"이라고. 젊을 때는 누구나 아름답지만 나이가 들수록 어떻게 가꾸느냐에 달렸다는 것이다. 미모가 뭣이 중한데 하며 괜한 심술을 내다가도 아름다움을 추구하는 것은 인간의 본능이라는 사실을 부인하기 어렵다. 연예인들이 중년의 나이에도 불구하고 변함없이 팽팽한 피부를 자랑하는 건 타고난 것에 더해 꾸준히 관리하는 덕분일 것이다.

늙는 건 비단 피부만이 아니다. 난소도 나이가 든다. 재미있는 건 난소 나이가 반드시 생물학적 나이와 일치하는 건 아니라는 것이다. 예컨대 실제 나이는 30세지만 난소 나이는 40세일 수도 있다. 난소 나이가 왜 중요한가. 난소 나이가 곧 난임의 원인이 될 수 있기 때문이다. 그래서 아직 결혼을 하지 않았거나, 결혼을 했더라도 당장 계획은 없지만 차후 아이를 낳을 예정이라면 미리 난소 나이를 체크하고 난자를 냉동하는 것도 좋은 방법이다.

방송사에서 피디로 일하는 한 친구는 3년 전 늦은 결혼을 했는데 아기가 생기지 않아 최근 시험관시술을 받고 있다. 며칠 전 통화에서 난자가 잘 나오지 않는다며 속상한 마음을 털어놨다.

"한창 열심히 일할 나이에 왜 그리 결혼하는가 했더니 그게 다 제때 애 낳으려고 그랬던 거였어. 이제야 이해가 돼."

친구는 일이 바빠 결혼을 미뤘던 것을 새삼 후회한다고 했다. 그게 아니면 난자라도 냉동해둘걸, 하며 아쉬움의 한숨을 내쉬었다. 거듭된 시험관시술 실패로 몸도 마음도 상해 있는 친구에게 "자식 키워봤자 어차피 다 각자 인생인걸. 실망하지 말고 늘 그랬듯 네 인생을 멋지게 살아"라는 시덥지 않은 위로의 말을 건넸다.

이브가 선악과를 따 먹은 죄로 여성들은 임신과 출산이라는 굴레를 지게 됐다. 그것을 단지 축복이라고 말하는 사람들

은 위선이다. 굳이 아이를 여성이 품고 낳아야 하지 않았다면 더 좋았을 것이다. 이 거룩한 '축복'으로 여성들이 받는 고통과 책임이 얼마나 큰가. 성장과 성취를 위해 젊은 시간을 열심히 일한 부부가 40대에 결혼을 해 아이를 가지려 했지만 잘 되지 않을 때, 여성이 죄책감을 가진다는 것도 불공평하다. 일찍 결혼했어야 했는데, 일을 포기했어야 했는데, 후회하는 쪽이 언제나 여성이라는 것도 불만이다. 그러나 어쩌랴. 그 중차대한 임무를 거스를 방법이 없는데. 오직 하나, 방법이 있다면 미리 난소 나이를 체크하고 난자를 냉동하는 것이 지금으로서는 가장 좋은 묘수일 것이다.

이희준 교수's
산부인과 클리닉

난소 나이와 난자 냉동

여성의 사회 진출이 증가하면서 자연스럽게 결혼 적령기가 늦어졌지만 여전히 임신 확률은 여성의 나이를 기준으로 삼아야 하는 현실이 안타깝습니다. 의학적으로 만 35세 이상의 여성이 임신할 가능성은 35세 미만에 비해 현저히 떨어집니다. 그러므로 당장 임신 계획이 없거나 미혼이라고 하더라도 추후 자녀를 가질 계획이 있다면 미리 산부인과를 방문해 난소 나이(혈중 AMH 농도)를 체크해 보는 것도 좋은 방법입니다.

난임 센터에서는 난임으로 병원을 방문하는 환자를 대상으로 난소기능검사(ovarian resereve test)를 시행합니다. 여성의 난소 기능은 나이가 증가함에 따라 감소하며, 동시에 임신 능력(생식 능력)도 감소하게 됩니다. 여성의 자연적인 임신 능력의 감소는 30세부터 시작되며 35세가 되면 가속화돼 40~42세가 넘으면 많이 소실하는 것으로 알려져 있습니다. 연령과 관련된 임신 능력의 감소는 체외수정시술(시험관아기시술)의 결과에도 큰 영향을 미치며, 체외수정시술을 통한 정상 분만아의 출생 가능성은 35세 이후에는 매우 빠른 속도로 감소하는 양상을

보입니다. 따라서 나이는 시험관아기시술의 성공 여부를 결정하는 매우 중요한 인자입니다.
하지만 나이에 따른 임신 능력의 감소는 개인차가 크기 때문에 나이만으로 시험관아기시술 시 약제에 대한 난소의 반응을 정확히 예측하기는 어렵습니다. 상대적으로 젊은 나이에도 불구하고 난소 기능이 감소한 경우가 있는가 하면, 비교적 고령임에도 난소 기능이 유지된 경우도 있습니다.
임상적으로도 체외수정시술 중에 과배란 유도 약제에 대한 저반응군(poor responder)을 감별해내는 것과 나이가 많지만 과배란 유도 시 충분한 수의 난자를 얻을 수 있어서 임신의 가능성이 잘 유지되는 정상반응군(normal responder)을 구분하는 것이 중요합니다. 이렇게 구분함으로써 체외수정시술 시에 적정한 약제 사용량과 적절한 과배란 유도 방법의 선택을 개별화(individualization)할 수 있습니다.

현재 난소 기능을 평가하는 방법에는 혈중 AMH와 FSH라는 호르몬 측정과 생리 시작 직후 초음파검사를 통해 난소 내 난포의 개수(antral follicle count, AFC)를 세는 방법이 있습니다. 생리 시작 후 3일째에 측정한 혈중 FSH 수치는 난소 기능의 간접적인 지표로, 혈중 FSH 농도가 비정상적으로 상승해 있으면 기대 임신율이 낮습니다. 특히 FSH 20~40mIU/mL 이상의 고연령군은 임신 확률이 많이 떨어지는 편입니다.

그다음으로 AMH라는 호르몬이 있는데, AMH는 여성의 연령이 증가함에 따라 지속적으로 감소하는 양상을 보이고, 다른 지표에 비해 그 변화가 이른 연령부터 시작되며, 완경 이후에는 검출되지 않는 특성이 있습니다. 따라서 지금까지 알려진 어떠한 지표보다 우수한 난소 노화, 즉 임신 능력 감소의 지표로서 유용한 역할을 하고 있습니다.

난소 기능을 반영하는 또 다른 지표로 AFC(antral follicle count)가 있는데, 이는 초음파검사 지표로 난소 기능을 양적으로 가장 잘 반영한다고 알려져 있습니다. AFC는 생리 초기에 질식 초음파검사를 통해 난소 내에 직경이 10mm가 안 되는 크기가 작은 난포의 개수를 세는 것인데, 체외수정시술 시 저반응군의 예측력이 매우 우수하며, 혈중 FSH 농도의 예측력보다 더 월등하다는 연구 보고도 있습니다.

난임 환자에게 체외수정시술을 하기 전에 난소 기능을 측정하는 궁극적인 목적은 임신 가능성을 예측하기 위함이며, 또한 임신이 불가능한 환자를 감별하기 위함이지만 안타깝게도 현재의 난소 기능 측정 지표 중 아주 정확하게, 만족할 만한 수준으로 임신 가능성을 예측할 수 있는 검사는 없습니다. 다만, 언급한 FSH, AMH, AFC 세 가지 지표를 통해 어느 정도 짐작 가능한 수준입니다.

1) FSH > 20~40 mIU/mL

2) AMH < 1.0 ng/mL

3) AFC < 4~6개

위 세 가지 중 한 가지 이상이 해당된다면 난소 나이가 실제 나이보다 더 많을 수 있음을 의미하므로 적극적인 난임 치료를 통해 빠른 시일 내 임신을 시도할 것을 권고합니다. 물론 나이가 35세 이상이라면 검사 결과와 상관없이 난임 센터를 방문해 난소 나이를 측정한 후 임신을 시도해보는 것이 좋겠습니다.

난자 냉동

여성의 가임력은 나이에 따라 급격히 감소하므로 35세가 넘어 임신을 시도하면 많은 어려움을 겪게 됩니다. 난자 냉동은 이러한 문제를 해결하기 위해 젊은 나이에 건강한 난자를 체외 채취 후 동결 보존하는 것을 말하는데, 난자 동결 이후 몇 년 뒤 임신을 원하는 경우 동결한 난자를 해동해 이용하면 임신 확률을 높일 수 있습니다.

우선 난자 냉동을 고려해야 하는 나이는 만 33세 이후로 권고하며, 만 33세 이상인데 당장 결혼 계획이 없다면 난자 냉동 상담을 위해 병원에 내원하실 것을 권합니다. 병원에 내원하면 먼저 가임력을 체크하기 위한 검사(초음파 및 난소 기능 검사)를 진행합니다. 난자 냉동에 따른 임신 가능성은 30대 초반일수록 높으나, 30대 중후반 이후라도 그 필요성은 충분합니다. 단, 가임력 검사 결과에 따라 나이와 상관없이 바로 난자 냉동이 필요할 수도 있습니다.

난자 냉동을 위해서는 8~12일간의 과배란 유도 주사, 주기적인 초음파검사 및 수면마취 후 10~20분 정도의 난자 채취 시술이 필요합니다. 이렇게 채취된 난자는 냉동 과정을 거쳐 난자 은행에 안전하게 보관됩니다. 수면마취를 하기 때문에 통증이 적으며, 입원 없이 당일 시술로 이루어집니다. 그리고 난자 냉동 후 보관 기간은 무한대입니다. 참고로, 결혼 후 시험관아기시술로 배아 냉동을 한 경우에는 5년간 보관이 가능합니다.

그렇다면 난자 냉동에 대한 임신 확률은 어느 정도일까요? 33세에서 37세 사이에 20~25개 이상의 난자를 냉동한 경우 미래에 아이 한 명 이상을 낳을 확률은 80% 이상입니다. 더 나이가 많다면 더 많은 수의 난자 냉동이 필요할 수 있습니다.

난자 냉동은 비교적 최신 기술로 이론적으로는 무한대의 보관 연한을 가지고 있으나 좀 더 과학적인 데이터가 필요한 상태입니다. 제가 근무하는 차병원에서는 만성골수성백혈병을 앓은 여성이 냉동 난자를 사용해 임신에 성공했는데, 9년 전에 냉동한 난자로 2011년 출산에 성공

한 사례입니다. 이러한 데이터를 바탕으로 현재 10년 이상 난자를 보관해도 문제가 없다고 이해하고 있으나 특별한 이유가 없는 한 산모와 아기의 건강 및 윤리적인 문제를 고려해 43세 이전에 사용할 것을 권장합니다.

입덧 지옥에 오신 걸 환영합니다

4~14주

앞선 두 번의 경험이 무색하게 세 번째는 모든 게 달랐다. 우선 체력적으로 힘들었다. 괜히 힘들다고 하는 게 아니라 정말 그랬다. 굳이 비교하자면, 첫 번째는 아무것도 모른 채 원래 그런가 보다 하고 지나간 일이 대부분이었다. 두 번째는 그래도 한 번 해봤다고 모든 것이 처음보다 수월했다. 고비의 순간을 미리 알고 대비할 수 있었기 때문일 것이다.

이론대로라면 세 번째가 가장 쉬워야 하는데 그렇지 않았다. 혼자 생각하기에는 나이 탓 아닌가 싶었다. 두 번째 임신은 8년 전, 그러니까 30대 초반이었다. 새벽 출근을 하고 밤

늦게 퇴근해도 밥 한 공기 뚝딱 먹고 푹 자고 일어나면 쌩쌩해지던 시절이었다. 감기에 걸려도 며칠 생강차를 마시면 언제 그랬냐는 듯 금세 나았다.

40대는 달랐다. 입덧이 대표적이다. 드라마 속 주인공이 밥상 앞에서 우웩 하고 헛구역질을 할 때면 '에이, 설마 저럴까' 싶었다. 입덧으로 고생하는 지인들의 이야기를 들을 때도 공감하기 어려웠다. 당연했다. 겪어보지 않았으니 알 수가 있나?

이번은 달랐다. 임신 초기부터 갑자기 속이 뒤집히기 시작했다. 냉장고를 열 때 훅 끼치는 김치 냄새며 각종 양념 냄새가 역하게 느껴졌다. 음식을 입에 대는 순간 토기가 올라왔다. 처음에는 소화가 안 되는 듯 그저 더부룩할 뿐이었는데 어느 순간 먹는 대로 올리기 시작했다. 그럼 처음부터 먹지 않으면 될 텐데 식욕은 없어지지 않아서 매콤하고 자극적인 음식이 당겼다. 하지만 미국에서 입에 맞는 한식을 찾기란 쉽지 않은 일이었다. 결국 부족한 솜씨로 직접 만들어 먹어야 했는데 역한 냄새를 참고 요리를 하고 나면 먹기도 전에 질려 손도 대기 싫었다.

조금이라도 먹고 난 뒤에는 어김없이 변기를 붙잡고 있었다. 처음 며칠은 먹자마자 뱉어내는 것이 죽을 만큼 괴로웠는데 나중에는 토하는 데에도 기술이 붙어 큰 수고 없이 음식을 게워냈다. 먹고 비우기를 몇 주, 이래도 되나 걱정이 됐다. 도대체 입덧이라는 놈은 왜 하는지, 그 까닭이 궁금해 산부인과 의사인 남편을 붙잡고 물었지만 그도 뾰족한 답을 내놓지 못했다. 입덧은 과학이 풀지 못한 마치 고대의 수수께끼 같은 것이었다. 나중에는 입안에 고인 침이나 물조차 삼키기 어려울 정도가 됐다.

그러던 중 마침 시어머님이 방학을 맞은 조카들을 데리고 미국 집을 방문하셨다. 어머님은 임신한 며느리가 시집 식구들 방문에 고생할까 염려했지만 나는 내심 잘됐다, 쾌재를 불렀다. 솜씨 좋은 어머님 손을 빌려 이것저것 먹고 싶은 것을 먹어볼까 하는 속셈 때문이었다. 결국 어머님은 먼 길을 날아온 이튿날부터 여독을 풀 새도 없이 며느리 손에 한인 마트로 끌려(?)가셔야 했다. 마치 놀이동산에 온 것처럼 신이 나서 재료들을 쓸어 모아 카트에 담으며 말했다.

"어머님, 오신 김에 김치 좀 해주시면 안 돼요? 사 먹는 건 영 맛이 없어요."

"어머님, 멸치도 좀 볶아주세요. 저는 솜씨가 없어 어머님 손맛을 못 따라가요."

배 부른 며느리의 성화에 결국 어머님은 미국 구경에 앞서 음식부터 만들기 시작했다. 새콤하게 무친 상추 겉절이, 달콤

하고 바삭하게 볶은 멸치볶음에 각종 채소와 소고기를 볶아 넣고 들기름에 구운 김에 싼 김밥까지. 하나하나 차려진 음식을 보니 집 나간 입맛이 서둘러 달려오기 시작했다. 나는 알차고 단단한 김밥 한 줄을 썰기가 무섭게 허겁지겁 입에 욱여넣고 엄지를 치켜 들며 말했다.

“어머님! 짱이에요. 완전 맛있어요!”

“천천히 먹어라. 그러다 체한다.”

아무래도 입덧은 제대로 된 음식을 먹지 못한 탓인 것 같았다. 아무렴, 그렇지. 첫째, 둘째 때도 없던 입덧이 갑자기 생길 리가 없지. 음식 냄새만 맡아도 토기가 올라왔었는데 어쩐 일인지 한 입, 두 입, 끝이 없이 들어갔다. 이제야 비로소 지옥에서 벗어났다 안심한 순간, 욱 하고 뭔가 올라오는 게 느껴졌다. 설마, 또 시작인가? 먹을 때는 아무렇지 않았는데, 이상한 일이었다.

“왜 속이 안 좋나?”

어머님이 걱정스러운 눈빛으로 물으셨다.

“아니, 괜찮아요. 욱!”

나는 두 손으로 입을 감싸며 속으로 주문을 외웠다.

‘괜찮아…. 좀 참아봐…. 지금 토하면 안 돼….’

어머님 덕분에 입덧이 싹 나았다며 신나게 먹어댄 게 무색하게 곧바로 먹은 것들을 게워낼 수는 없는 노릇이었다. 남의 속도 모르고 음식은 위장에서 춤을 췄다. 김밥과 겉절이가 한데 뭉쳐 배로 불어나 목까지 차오르는 것 같았다. 결국 입만 벌려도 폭포처럼 잔해가 튀어나오겠다 싶을 때 "어, 어머니! 저 화장실 좀 다녀올게요!" 소리를 남기고 욕실로 달려가야 했다. "할머니, 외숙모 토해요." 변기를 잡고 웩웩대는 소리에 놀란 조카들이 주방으로 뛰어가며 외쳤다. 먼 길 오셔서 여행도 마다하고 음식부터 차려주신 어머님 정성 앞에 구토가 웬 말인가. 아무리 입덧 때문이라 해도 면구스러운 노릇이었다. 결국 시어머니표 음식도 입덧이라는 놈을 막지 못했다. 그나마 먹을 때만큼은 행복했기에 다행이었다.

계속되는 입덧으로 정신까지 피폐해질 때쯤 주치의 선생님에게 입덧 약을 처방받았다. 입덧 약의 한 종류인 디클렉틴은 미국 FDA의 승인을 받았고, 태아에게 안전한 성분으로 이루어져 있다. 그렇다 해도 꺼림칙하기는 마찬가지였다. 임신 중에는 커피 한잔 마시는 것도 조심스러운데, 약이라니. 선생님은 하루 최대 네 알까지 괜찮다고 했지만 일단 하루 한 알부터 시작해보기로 했다. 약을 먹자 마법처럼 증상이 개선됐다. 먹는 대로 게워내지 않으니 세상이 이토록 아름다운 것을! 입덧약 덕분인지 토하는 증상이 급격이 좋아졌고 하루에 한 끼 정도는 제대로 챙길 수 있게 됐다.

영원할 것만 같았던 입덧은 임신 17주를 지나며 거짓말처럼 사라졌다. 그러고 보면 성경 속 다윗의 반지 구절인 "이 또한 지나가리라"는 모든 상황에 맞는 명언이 아닌가 싶다. 비록 입덧이 사라짐과 함께 불어나기 시작한 몸무게 숫자가 걱정스럽긴 했지만 그 어찌 먹는 즐거움과 바꿀 수 있으랴!

혹시 지금 입덧을 겪는 이가 있다면 "이 또한 지나가리라"는 말을 기억하고 위안받길 바란다. 17주가 되는 마법의 그날까지, 조금만 더, 조금만 더 버티기 바란다.

입덧에 관해

입덧은 임신 5~6주 이후부터 구역질이 나고 입맛이 떨어지는 증상을 말합니다. 그 원인이 아직 정확히 밝혀지진 않았지만, 임신 중 태반에서 생성되는 사람융모성성선자극호르몬(human chorionic gonadotropin, hCG) 분비와 에스트로겐, 프로게스테론의 급격한 증가와 관련이 있는 것으로 추측하고 있습니다. 이러한 임신성 호르몬의 증가가 둔화되는 임신 16~20주 이후에는 대부분 입덧 증상이 좋아지나 간혹 임신 후반기까지 지속되는 경우도 있습니다.

입덧을 관리하는 방법은 적은 음식을 자주 먹는 것입니다. 평소 세 끼를 먹는다면 더 적은 양으로 대여섯 끼를 먹으면 도움이 됩니다. 또한 기름진 음식은 위에서 소화되는 시간을 지연시키기 때문에 지방이 적은 음식을 먹고, 매운 음식은 메스꺼움을 유발할 수 있으므로 삼가는 것이 좋습니다.

가급적 단백질이 많고 탄수화물이 적은 식사를 하고 물이나 차 등의 액체를 마시는 것도 메스꺼움과 구토 등을 줄일 수 있습니다. 입덧은 아침 공복 시에 심해지기 때문에 잠자리 옆에 크래커 등을 두고 일어나

자마자 먹는 것도 좋은 방법입니다. 육아 관련 커뮤니티를 보면 입덧에 관한 고민이 꽤 많더군요. 탄산수를 마시는 것도 좋고 주스나 수프를 추천하기도 합니다. 냄새가 진하지 않아 입덧이 없는 사람도 부담스럽지 않게 먹기 좋은 것들이죠. 얼음 조각을 좋아하는 임산부도 있는데요, 많이 먹지 않는 것이 좋습니다. 차갑고 냄새가 강하지 않은 아이스크림을 선호하는 사람도 있습니다.

그 밖에 진저롤(gingerol)이 구토를 억제하기 때문에 음식에 생강을 넣거나 생강차를 마시는 것도 도움이 됩니다. 토마토, 매실, 바나나도 좋습니다. 입덧이 너무 심할 때는 고칼로리와 고비타민 음식을 먹으면 좋고 너무 맵거나 달거나 자극적인 음식은 피하는 것이 좋습니다.

입덧 약, 안전한가요?

메스꺼움이나 구토감이 너무 심해 일상생활이 어려운 경우에는 약이 필요하기도 합니다. 대표적인 입덧 약으로는 디클렉틴을 꼽을 수 있습니다. 이 약은 캐나다에서는 1979년부터, 미국에서는 2013년에 FDA 승인을 받았습니다. 불과 몇 년 전만 해도 우리나라에서는 처방받을 수 없었는데 2016년부터 허가돼 처방하고 있습니다.

디클렉틴은 피리독신(Vit.B6) 10mg, 항히스타민제(doxylamine) 10mg으로 구성된 약입니다. 피리독신은 수용성 비타민으로 과량 섭취 시 소변으로 배출돼 일반적인 용량에서는 부작용이 거의 나타나지 않습니다. 또한 항히스타민은 H1 receptor를 억제해 구토를 예방하는 작용을 합니다. 한 연구에 따르면 20만 명 이상의 임산부가 임신 초기에 이 약을 복용했고 태아나 모체에 다른 이상 반응이 발견되지 않았다고 합니다. 때문에 아주 드물게 임산부 카테고리 약에서 매우 안전 등급인 A등급을 받았습니다.

결과적으로 입덧 약 디클렉틴은 임산부가 감기에 걸렸을 때 처방받을 수 있는 타이레놀만큼이나 안전합니다. 하루 최대 용량은 네 알이며 처음에는 취침 전 두 알씩 복용하면 됩니다.

장애를 가진 아이는 낙태해도 괜찮은가

10~14주

"염색체라는 건 참 신비하지. 어쩌다 하나가 더 많은 것일까. 그것으로 인해 은재의 눈꼬리는 곱게 올라가고 은재의 코는 귀엽게 가라앉고 은재의 성격은 순하고 맑아졌으니, 그것이 어떻게 가능한 일일까. 동시에, 따로 떨어져 각자의 삶을 살던 당신과 나는 어쩌다 같은 학교에 다니게 됐고 어쩌다 우연히 인문대 1호관 복도에서 마주치게 됐을까. 어쩌다 순하고 맑은 당신을 내가 사랑하게 됐을까. 이런 온전한 행운이 가능이나 한 이야기일까."

사모하는 서효인 시인이 쓴 자전적 육아 에세이 《잘 왔어 우리 딸》(난다, 2014)의 일부분이다. 저자는 대학 동문인 아내와 결혼해 염색체가 하나 더 많은 딸 은재를 낳아 키우며 울고 웃는 사연들을 책 속에 덤덤히 담았다. 책을 펼 때마다 새로운 감동으로 눈물이 났다. 처음에는 남들과 조금 다른 아이를 키우는 젊은 부부가 안쓰러워 울었다. 그러나 읽으면 읽을수록 단순한 연민이 아닌 가족의 절절하고 애틋한 사랑이 아름답고 소중해 눈물이 났다.

외모로는 구분이 잘되지 않는 자폐와는 다르게 다운증후군 아이들은 비교적 쉽게 알아볼 수 있다. 그들은 보통의 아이들과 다른 얼굴을 가졌지만 표정만은 더없이 행복하다. 그러나 언제부터인지 다운증후군 아이들을 주변에서 잘 볼 수 없다. 임신 중 검사를 통해 태아의 다운증후군 여부를 알아낼 수 있기 때문이다. 우리나라 현행 모자보건법상(제14조 1항) 태아에게 장애가 있으면 이는 합법적인 낙태의 사유가 된다.

다운증후군 선별검사는 임신 10~14주에 실시한다. 초음파를 이용해 목덜미 투명대를 측정하는 방법으로, 이 검사를 통해 다운증후군뿐 아니라 여러 염색체 질환의 고위험군 여부를 알 수 있다.

15년 전 첫 임신 때도 검사로 다운증후군을 가려낼 수 있다는 사실에 적잖이 놀랐다. 의학의 발달에 감탄해서가 아니라 다른 이유 때문이었다. 검사를 하는 이유는 무엇인가? 결과에 따라 임신 유지 여부를 결정하기 위해서일 것이다. 물론 검사를 받고 말고는 의무가 아닌 부모의 선택이다. 친구 중 한 명은 이 검사를 받지 않았다. 다운증후군이든 아니든, 어차피 낳을 아이이므로 미리 알 필요가 없다는 게 이유였다. 아이를 있는 그대로 받아들이고 사랑하겠다는 그 마음이 존경스러웠다. 그에 반해 나는 더없이 평범한 사람이었다. 임신 때마다 검사에 응했고, 결과에 안도했다.

누구나 건강한 아이를 원한다. 손가락도 다섯, 발가락도 다섯, 눈 · 코 · 입 · 귀 모든 것이 정상인 아이. 어디 그뿐인가. 팔다리도 길고 머리숱도 많고 눈썹마저 짙었으면 한다. 아이가 크면 클수록 부모는 점점 더 많은 것을 바란다. 어서 걸었으면, 빨리 말했으면, 운동도 공부도 잘했으면, 이왕이면 외고나 과고에 가고 좋은 대학에 붙었으면, 돈도 잘 벌었으면 능력 있는 배우자를 만났으면. 자식에 대한 부모의 욕심은 끝이 없다.

임신 10주쯤 실시하는 선별검사에서 태아의 목 두께가 일정한 범위보다 두꺼우면 다운증후군의 가능성이 높다고 보고 추가 검사 여부를 결정한다. 특히 산모의 나이가 많으면 고

위험군으로 분류돼 정확한 결과를 위해 또 다른 검사를 받는다. 만 40세인 나는 고령 산모군에 속하므로 태아의 목 두께 결과와 관계없이 추가 검사를 했는데 비침습적 방법 중 하나인 NIPT를 받았다. 이는 모체 혈액 속에 있는 태아 DNA를 검출해 염색체 이상을 발견하는 방법으로 다운증후군 여부를 90% 이상 알아낼 수 있다고 한다. 병원에서는 이를 통해 태아의 장애 여부뿐 아니라 성별도 알 수 있다면서 미리 알고 싶은지 물었다.

태아의 성별을 미리 알리는 것이 불법인 우리와 달리 미국은 부모의 선택에 따라 성별을 알려준다. 미국에는 '남아선호사상'이라는 것이 존재하지 않으므로 성별을 미리 아는 것이 전혀 문제되지 않는다. 우리나라는 얼마 전까지만 해도 딸보다 아들을 원하는 경우가 많아 남아 비율이 여아보다 훨씬 높은 '성비 불균형 국가'였다. 요즘은 예전과 달라졌다고는 하지만 여전히 의료법상 의사는 태아의 성별을 임신 32주 이전에 고시하지 못하도록 돼 있다.

아이의 성별에 따라 임신을 중지하는 일은 법으로 금지될 만큼 상식에 반하는 일임이 분명하다. 그렇다면 생각해본다. 장애를 가진 아이는 낙태해도 괜찮은가?

3년 전 헌법재판소에서 낙태죄에 대해 헌법불합치결정을

내린 후로 낙태 찬반 논란은 더욱 뜨거운 이슈가 됐다. 헌재의 결정은 낙태를 여성의 선택에 따른 것으로 두고 그에 대한 죄를 묻지 않아야 한다는 것인데, 그렇다고 해서 낙태죄가 완전히 사라진 것은 아니다. 헌재에서 위헌 판결이 났다 하더라도 국회에서 후속 입법이 제정돼야 하는데 관련 법안은 현재 법사위 계류 중으로 사실상 낙태죄는 공백 상태나 다름없다. 법 제정이 늦어지는 이유는 낙태를 허용했을 때 드는 경제적 비용 등 여러 가지가 있겠지만 여성의 권리와 생명 윤리 중 어느 쪽이 더 무거운가 대한 논란 때문일 것이다. 둘 중 무엇 하나 덜 중요하다고 볼 수 없는 어려운 문제 아닌가.

얼마 전 뉴스에서 발달장애인 가족들이 청와대 앞에 모여 삭발식을 한다는 소식을 접했다. 장애 부모들은 "세상을 바꾸려는 절박함으로 삭발을 한다"며 발달장애인에 대한 지역 사회의 지원 체계가 충분치 않아 어려움을 겪는다고 호소했다. 눈물을 흘리며 삭발을 감행하는 그들의 모습을 보며 생명은 무조건 소중하므로 어떤 장애가 있는 태아라 하더라도 무조건 낳아 길러야 한다는 말을 그 누가 할 수 있을까 싶었다.

프랑스 철학자 푸코는 "근대 이전 군주는 인민에 대해 '죽게 만들고 살게 내버려 두는' 칼의 권력을 휘둘렀다면, 근대 이후 국가는 인민에게 '살게 만들고 죽게 내버려 두는' 생명권력을 부리고 있다"고 말했다. 생명은 고귀하기 때문에 검사를 통해 장애가 있는 태아를 미리 가려내는 것은 암묵적인 살인 방조일까, 아니면 장애인을 낳아 키우며 받을 차별, 비용 등을 고려해 부모로서 아이에 대한 '생명 권력'을 행하는 것일까. 자식을 키우는 부모임에도 불구하고 아픈 아이라도 응당 감당해야 한다고 등 떠밀 수 없는 현실이 불편하고 부끄러운 마음이다.

이희준 교수's
산부인과 클리닉

태아 기형아 검사법

다운증후군은 신생아 800~1000명당 1명 꼴로 발생하는 가장 흔한 염색체 이상입니다. 보통 임산부의 나이가 다운증후군의 확률을 예측하는 기준이 되는데요, 통계를 보면 20세 임산부의 다운증후군 위험도는 1000명당 1명 꼴인데 비해 30세가 되면 그 위험도는 1.7배, 35세에는 4.2배, 40세에는 15배 증가하는 것으로 알려져 있습니다. 따라서 분만 시 산모의 나이가 만으로 35세 이상이면 임신 15~16주에 양수검사를 권고합니다.

그 밖에 염색체 이상 태아를 임신했던 경우, 임산부 또는 그 배우자가 염색체 이상이 있는 경우가 태아 이상의 고위험군에 속합니다. 최근에는 초혼 연령 및 초산 산모의 연령이 높아지고 있어 태아 염색체 이상의 위험 또한 증가하고 있습니다.

임신 초기에 시행하는 NIPT(non-invasive prenatal test, 비침습적 산전검사)라는 태아 DNA 선별검사가 있는데, 이는 산모의 혈액을 채취하여 산모 혈액 내에 소량 존재하는 태아의 DNA를 검출한 후 태아 염색체 이상 여부를 확인하는 검사입니다. 이 검사는 태아에게 다운증후군과 같은 염색체 이상이 있을 가능성을 확률로 알려주는 검사지만 이 역시 확진검사는 아니며 일종의 선별검사로 고위험군이 나오면 확진 검사인 양수검사를 시행해야 합니다.

태아 기형아 선별검사는 임신 11~13주에 1차 피검사, 그리고 임신 15~16주에 2차 피검사로 총 두 번 시행합니다. 11~13주에 시행 가능한 검사로는 초음파검사로 태아 목덜미 투명대 측정과 산모의 혈액 내 임신 관련 혈장단백질(pregnancy associated plasma protein-A, PAPP-A) 검사가 있습니다. 15~16주에는 2차 피검사로 알파태아단백(α-fetoprotein, AFP), 비결합 에스트리올(unconjugated estriol, uE3), 사람융모성성선자극호르몬(hCG)을 이용하는 삼중표지자검사(triple test)와 여기에 인히빈 A(inhibin A)를 추가한 사중표지자검사(quadruple test)가 있습니다. 이러한 1차, 2차 피검사를 통합해 보고하므로 통합선별검사(intergrated test)라고도 합니다. 이 검사는 다운증후군 발견율을 94~96%로 향상시켰고, 약 5%의 위양성률을 보이는 등 가장 효과적인 선별검사로 인정받고 있습니다.

최근에는 모체 혈액 내에 존재하는 세포유리 태아 DNA를 이용해 태아 다운증후군을 포함한 염색체 수적 이상을 선별하는 비침습직 산전선별검사가 이용되고 있습니다. 이는 모체 혈액검사에서 태아의 염색체 이상을 검출해낼 수 있는 검사입니다, 단, 모체 혈액을 이용한 검사 및 비침습적 산전선별검사는 비교적 흔한 이상(다운증후군, 신경관결손, 에

드워드 증후군 등)에 대한 위험도만 계산할 수 있습니다. 염색체 이상에 대한 확진을 위해서는 침습적 검사인 양수검사, 융모막 생검 등이 필요합니다. 만일, 통합선별검사나 NIPT에서 태아 기형아 확률이 높다고 나올 경우에는 확진검사로 양수검사를 시행합니다.

임신성 당뇨의 늪

20~24주

"이 세상에 맛있는 것은 모두 탄수화물!"

이것은 진리, 요샛말로 '국룰'이다. 빵, 피자, 국수, 짜장면, 햄버거…, 나열하다 보니 갑자기 배가 고파질 정도다. 여하튼 존재하는 모든 맛난 음식은 탄수화물로 이루어져 있다. 그러나 탄수화물이 비만과 당뇨의 적이라는 것은 삼척동자도 아는 사실이다. 오죽하면 다이어트에 매번 실패하는 식탐 많은 나 같은 사람을 위해 저탄고지 다이어트가 인기를 끌었겠나. 한때 선풍적인 화제였던 이 다이어트조차 고기는 원 없이 먹어도 탄수화물은 제한하고 있으니, 입에 단 음식은 몸에 나쁘다던 선조의 지혜에 놀라움을 금할 수 없다.

그러나 임신의 장점이 무엇인가? 아기를 가진 10개월 동안은 평소 먹고 싶지만 양심상 양껏 먹을 수 없었던 음식들을 마음껏 먹을 수 있다는 것이 아닌가. 배가 나와도 살이 쪄도 임신을 핑계로 떳떳할 수 있으니 눈치 볼 필요도 없다. 그동안 입덧 때문에 누리지 못했던 임신의 호사를 누리려는 생각도 잠시, 청천벽력 같은 소리를 들었다. 바로 임신성 당뇨.

보통 임신 24~28주에 임신성 당뇨 검사를 한다. 가족력도 없고, 무엇보다 앞선 두 번의 임신에서 가벼운 수치로 통과했던 터라 별걱정 없이 검사에 응했다. 그런데 당뇨란다. 기준 범위에서 살짝 웃도는 수준이기는 하지만 당뇨는 당뇨. 출산까지 철저한 관리가 필요하다고 했다.

"산모가 당뇨에 걸리면 태아가 기형이 될 가능성과 사망률이 높아지기 때문에 각별히 주의하셔야 해요. 따로 날짜를 예약하고 방문해서 당뇨 관리 방법에 대한 교육을 받으셔야 합니다."

당뇨는 우리나라 인구의 10% 이상이 앓고 있을 만큼 흔한 질병이지만 결코 만만히 볼 수 없는 무서운 병이다. 일단 한번 걸리면 평생 관리해야 하는 데다 합병증도 심각하다. 특히 임신성 당뇨는 산모뿐만 아니라 태아에게도 나쁜 영향을 미칠 수 있으므로 더욱 철저한 관리가 필요하다.

"괜찮아, 관리만 잘하면 돼. 식단 조절하고 인슐린 맞으면 돼. 덕분에 체중 관리도 할 수 있겠네, 너무 걱정하지 마."

남편은 당뇨 관리 지침을 받기 위해 병원에 가는 내내 걱정하는 나를 다독였다. 나는 남편의 말을 한쪽 귀로 들으며 이때껏 입에 달고 산 수많은 종류의 탄수화물을 떠올렸다. 병원에 도착하자 밝은 인상의 영양사님이 두터운 파일을 들고 등장했다. 그 안에는 임신성 당뇨의 위험성에 대한 경고와 함께 임신성 당뇨의 관리 방법, 추천 식단 등이 들어 있었다.

"앞으로 매일, 매 끼니마다, 간식까지 포함해 식사한 모든 내용을 기록해야 해요. 추천 식단표 참고하시고, 특히 탄수화물 양을 철저히 관리해야 합니다."

식단표에는 임신성 당뇨 환자가 먹을 수 있는 다양한 종류의 음식과 양이 적혀 있었다. 식빵은 한 쪽, 사과는 4분의 1개, 토마토를 제외한 모든 과일은 종이컵 한 컵 분량으로 제한해야 했다. 밀가루와 밥, 설탕만 조심하면 되겠지 싶었는데 생각보다 많은 음식에 탄수화물이 들었다는 게 놀라웠다.

"아침에 일어나서 공복에 한 번, 그리고 하루 세 번 식후 30분마다 혈당을 체크하고 기록해야 해요."

그녀는 혈당 체크기를 보여주며 사용법을 설명했다. 먼저 알코올 솜으로 손끝을 닦은 뒤 바늘로 찔러 피를 내고 체크지에 묻혀 수치를 확인하면 된다.

"매일 자기 전 인슐린 주사를 맞아야 하는데 주사는 뱃살을 이렇게 손으로 잡아 쑥 찔러 넣으면 됩니다."

그녀는 뱃살을 검지와 엄지로 잡아 보이며 주삿바늘을 찌르는 시늉을 했다. 바늘이 실제로 들어가지 않았는데도 신음이 절로 나왔다. 어쩌다 한 번 맞는 예방주사도 무서운데 하루 네 번씩 손끝을 바늘로 찔러 피를 봐야 하는 데다 배에 주사까지 맞아야 한다니. 아픈 건 둘째 치고 벌써부터 귀찮음이 밀려왔다. 앞으로 당수치를 비롯해 먹은 모든 음식을 식단표에 기록하고 일주일에 한 번 담당자에게 이메일로 보내야 한단다. 한껏 무거운 숙제를 받은 듯한 기분에 답답함이 몰려왔다. 더구나 식단표를 보니 한숨이 나왔다. 미국식 식단일 테니 어느 정도 예상은 했지만 어쩌면 한결같이 죄다 시시한 음식뿐인지.

'빵 한 쪽에 피넛버터 한 숟갈, 샐러드에 사과 한 쪽. 블루베리, 딸기 등 모든 과일은 한 컵 분량으로 제한할 것. 오트밀과 블루베리, 머핀 반 개?'

미국식 식단표에 따라 매끼를 먹을 수 없는 노릇이라 한국에서 임신성 당뇨 환자 식단을 구했다. 인터넷을 통해서도 쉽게 찾을 수 있었지만 남편 지인을 통해 전문가가 만든 식단표를 받았다. 재미있는 것은 우리나라 식단 역시 미국 식단과 크게 다르지 않다는 점이다. 탄수화물 종류가 빵에서 밥으로 바뀐 정도만 빼면 거의 비슷했다.

일단 하루에 먹어야 하는 열량은 키와 몸무게에 따라 정해진다. 환자에 따라 다르기 때문에 이는 병원에서 계산하는 것이 가장 정확하다. 나는 하루 2000킬로칼로리 정도를 섭취해야 했는데 일단 하루에 세 번 식사를 하고 두 번 간식을 먹어야 했다. 간식은 점심과 저녁 사이, 그리고 자기 직전에 먹는데 종류는 설탕과 탄수화물이 없는 치즈, 요거트 등 단백질 지방으로 제한된다. 치킨, 라면 정도는 돼야 모름지기 야식이라 할 수 있거늘 세상 시시한 것이 당뇨 식단이다. 금지되는 대표적인 음식은 설탕, 시럽, 주스 등 단 음료와 과자고, 배고플 때는 미역, 오이, 파프리카가 좋으며, 이는 양에 관계없이 자유롭게 먹어도 좋다. 오이를 마음껏 먹으라니 어이가 없어 웃음만 나온나. 오이를 대체 무슨 맛으로 먹나. 마요네즈나 초고추장을 찍어 먹는다면 또 모를까. 고기 역시 주의해야 하는데 양이 정해져 있고, 닭고기는 껍질을 벗겨 먹는 게 좋다. 당뇨 식단은 양만 주의할 게 아니라 조리법도 중요해서 튀기거나 볶는 것보다 찌거나 데치는 요리가 좋다. 임신성 당뇨 세 번만 했다간 몸에서 사리가 나오고 득도하지 않을까 싶다.

하루 네 번 손가락 끝을 찔러 피를 낸 덕분에 손끝은 너덜너덜해졌다. 수치가 기준보다 낮으면 가슴을 쓸어내리고 약간이라도 높으면 조바심이 났다. 임신성 당뇨라면 출산 전까지 가능한 한 외식보다 집에서 해 먹어야 한다. 사 먹는 음식이 맛있는 건 아무래도 조미료 탓인 듯싶다. 밖에서 먹는 날이면 귀신처럼 당수치가 오른 것을 보면 알 수 있다. 입에 단 음식이 몸에 나쁘다는 건 진리다.

매일 밤 인슐린 주사를 맞는 것도 하루 일과 중 하나가 됐다. 스스로 배에 주삿바늘을 찌르는 게 무서워 남편이 대신 맡아주었다. 덕분에 매일 밤 잠들기 전 부부가 사이좋게 침대에 마주 앉아 배를 까고 주삿바늘로 찌를 때마다 외마디 신음을 내지르는 진풍경이 연출됐다.

결과적으로 임신성 당뇨가 그리 나쁘기만 한 것은 아니었다. 남편 말대로 임신 중 체중 관리에도 도움이 됐을 뿐 아니라 당시 습관 덕분에 출산 후에도 당분 섭취를 줄이고 건강식을 먹으려고 노력했기 때문이다. 임신 중 몇 달 동안 조미료를 줄이고 심심하게 먹었더니 조금이라도 짜거나 달면 입에서 받지 않았다.

모름지기 노산 엄마는 아이를 위해서라도 오래 살아야 한다. 그러려면 건강 관리가 필수다. 임신성 당뇨에 걸렸던 산모는 이후 당뇨에 걸릴 확률이 높다고 한다. 이 지긋지긋한 당뇨의 공격을 받지 않기 위해 지금부터 맛있는 음식은 조금씩 멀리하기로 마음먹었다.

임신성 당뇨 치료법

임신 전에는 당뇨가 없었는데 임신 이후 당뇨가 생기는 것을 임신성 당뇨라고 합니다. 태아가 분비하는 호르몬에 의해 인슐린 저항성(insulin resistance) 즉, 혈당을 낮추는 인슐린의 기능이 떨어져 세포가 포도당을 효과적으로 연소하지 못하는 현상이 생기면, 정상 임산부는 인슐린 저항성을 극복하기 위해 췌장에서 인슐린 분비가 증가하지만, 임신성 당뇨에 걸린 임산부는 인슐린 저항성을 극복할 수 있을 만큼 인슐린이 분비되지 않습니다.

임신 전에 이미 당뇨가 있었던 경우는 태아의 기형이 증가할 수 있으나 임신성 당뇨는 태아 기형이 증가한다는 보고는 없습니다. 하지만 임신성 당뇨도 임신 전에 이미 당뇨가 존재했던 경우와 비슷하게 태아 사망의 위험성은 높습니다. 따라서 임신성 당뇨 산모는 산전 태동 검사 등의 태아 테스트를 실시합니다. 또한 임신성 당뇨의 경우 거대아일 가능성이 증가하는데, 거대아는 주로 어깨와 몸 중앙에 과다하게 지방이 축적돼 출산 시 난산을 초래할 수 있습니다. 다행히 이러한 난산은 흔하지는 않으며 임신성 당뇨 산모의 약 3%에서 난산이 발생한다고 알려져 있습니다.

임신성 당뇨의 선별검사와 진단 기준에 대해서는 아직 논란이 있지만, 대한당뇨병학회의 2015년 진료 지침에 의하면 모든 산모는 첫 산전검사 방문 시에 공복혈장혈당, 무작위혈당 또는 당화혈색소를 측정해 기왕의 당뇨병 여부에 대해 선별검사를 시행합니다. 임신성 당뇨병의 진단 방법은 두 가지가 있습니다.

1) 임신 24~28주에 2시간 75g 경구포도당부하검사를 시행한다. 공복혈당 92mg/dL 이상, 1시간 혈당 180mg/dL 이상, 2시간 혈당 153mg/dL 이상 중 하나만 만족하면 진단한다.
2) 50g 포도당으로 선별검사 후 혈당 140mg/dL 이상(고위험 산모의 경우, 130mg/dL)이면 선별검사 양성으로 판정해 100g 경구포도당 검사를 시행한다. 공복혈당 95mg/dL 이상, 1시간 혈당 180mg/dL 이상, 2시간 혈당 155mg/dL 이상, 3시간 혈당 140mg/dL 이상 중 두 가지를 만족하면 진단한다.

치료 방법으로는 첫째, 식이요법이 있습니다. 식이요법만으로 혈당 조절이 잘되지 않으면 인슐린을 투여하고 자가 혈당 측정 결과를 기준으로 용량을 조절합니다. 인슐린은 반드시 사람 인슐린을 사용하는데 경구혈당강하제는 일부 논란이 있으므로 임신 중에는 추천하지 않습니다.

둘째, 인슐린을 투약합니다. 임신성 당뇨 산모의 인슐린 치료는 표준화된 식이요법 및 운동을 통해 공복 당수치 105 이하, 식사 후 2시간 당수치 120 이하를 유지하지 못할 시 시도합니다. 인슐린 치료 초기에는 입원이 필요하며, 이 기간 동안 인슐린 용량을 결정하고 자가주입 및 자가측정방법 등을 교육합니다. 인슐린 치료 방법은 다양하나 치료 개시에는 총 20~30단위의 인슐린을 식전에 한 차례 사용하는 것이 흔합니다. 이 경우 중간 정도 지속 기간을 보이는 인슐린을 2/3, 단시간 지속되는 인슐린을 1/3의 비율로 사용하게 됩니다. 일단 인슐린 치료를 개시하면 치료 후 1~2주 간격으로 공복 및 식후 2시간의 당수치를 검사해 효과를 확인합니다.

임신성 당뇨 산모의 절반 정도가 20년 이내에 현성당뇨(임신이 아닌 당뇨)로 진행된다고 알려져 있습니다. 따라서 산후에 75g 당부하 검사를 통해 현성당뇨병을 검사할 것을 권장합니다. 임신성 당뇨로 인해 인슐린 치료를 받은 경우는 산후에 현성당뇨병에 걸릴 위험성이 더욱 높습니다. 대개의 경우는 산후 6~8주 혹은 수유 중단 후에 75g 당부하 검사를 시행하게 됩니다. 이를 통해 현성당뇨병을 진단하는데, 비록 이와 같은 검사에서 정상이라 할지라도 최소 3년마다 공복 당수치를 측정해야 합니다. 만약 비만이라면 체중 감량을 통해 현성당뇨병의 위험성을 상당히 줄일 수 있습니다.

엄마,
우리 20주 뒤에 만나요

20~24주
정밀 초음파
28~32주
입체 초음파

임신을 하면 몇 차례 초음파를 보게 된다. 그중 정밀 초음파를 보는 시간이 유독 떨린다. 처음에는 점 크기의 작은 세포에 불과했던 태아는 20주를 넘기며 머리, 다리, 발, 눈과 귀까지 갖춘 제법 사람처럼 자란다. 마치 '개울가 올챙이 한 마리가 꼬물꼬물 헤엄치다 뒷다리가 쑥, 앞다리가 쑥, 팔딱팔딱 개구리가 되는 것'처럼. 배 속 엄지 손톱만 한 세포가 점점 사람의 형상이 돼가는 과정을 초음파를 통해 지켜보는 것은 놀라움을 넘어 경이롭다.

임신 중 첫 초음파는 수정체가 자궁에 잘 착상이 됐는지 확인하는 것으로 시작된다. 이후 주수에 따라 초음파를 보면서 태아의 각 기관별 수치를 재고 정상적으로 크고 있는지 판별한다. 특히 태아의 무게를 잴 수 있다는 것이 무척이나 신기한데, 이는 정확한 몸무게가 아닌 식을 이용한 추정이라고 한다. 태아의 무게는 정상적인 발달을 체크하는 중요한 기준이 된다.

정밀 초음파를 통해 태아의 머리 크기도 측정할 수 있는데, 단순히 머리 둘레를 보는 것이 아니라 소뇌와 대뇌의 크기까지 잴 수 있어서 더욱 놀랍다. 눈, 코, 입뿐 아니라 구순열, 구개열의 여부까지 미리 알 수 있고, 이를 통해 무뇌증, 에드워드증후군, 복막기형, 신장기형까지 확인이 가능하다고 한다.

정밀 초음파를 보는 30여분 동안 태아는 가만히 있지 않고 계속해서 움직인다. 때문에 산모는 자세를 여러 차례 바꿔야 한다. 이때 태아를 잘 관찰하기 위해 초음파 기기를 배 여기저기에 눌러대는데 약간의 고통이 있기는 하지만 모니터를 통해 태아의 모습을 지켜보고 있으면 그쯤은 문제가 되지 않는다. 정밀 초음파가 특별한 또 다른 이유는 아기의 얼굴을 비롯한 손가락, 발가락 등을 자세히 볼 수 있다는 것이다. 부부가 초음파 사진을 두고 아기가 아빠를 닮았네, 엄마를 닮았네 갑론을박을 벌이는 것도 바로 이 무렵이다.

정밀 초음파를 세 번째 보는 날, 슬슬 무디어질만도 한데 변함없이 놀랍고 신기하다. 꼬물꼬물 움직이는 작은 발가락, 폈다 오므리기를 반복하는 손가락도 대견하기만 하다. 한참 이곳저곳을 살펴보는데 초음파를 보던 선생님이 외쳤다.

"어머나, 저것 좀 보세요. 아이가 엄마에게 안녕, 하고 인사하네요!"

모니터를 보니 온통 검은 배경 속 유난히 또렷하고 하얀, 마치 단풍 같은 손가락 다섯 개가 눈에 띄었다. 마치 "엄마, 나는 잘 지내고 있어요. 우리 20주 뒤에 만나요!" 하는 목소리가 들리는 것만 같았다. 순간 이 아이와 내가 탯줄로 연결돼 있다는 사실이 온몸으로 느껴지며 감동이 밀려왔다.

레바논 작가 산드라 카시스는 "사람은 생명이 몸 안에서 자라기 전에는 생명을 결코 이해하지 못한다"고 말했다. 임신과 출산은 분명 정신적, 육체적 고통이 수반되는 수고스러운 과정이다. 출산은 성경의 창세기 속 이브가 선악과를 먹은 죄로 신으로부터 받은 징벌이 아닌가. 그러나 가끔 생각한다. 아기를 배 속에 품은 열 달의 시간은 어찌 보면 여성의 특권일 수도 있다고.

아빠들은 결코 모른다. 아이와 교감하는 열 달의 시간을. 엄마들은 아기를 배 속에 그저 품고 있는 것이 아니다. 어엿한 사람으로 키워내는 것이다. 아기는 자라면서 엄마 배를 두드리기도 하고 밀어내기도 하며 자신의 존재를 알린다. 엄마는 그것을 온전히 느끼고 반응한다. 다른 누구도 아닌, 오직 엄마와 아기만 누릴 수 있는 교감이다. 그러므로 누구에게나 엄마는 특별한 존재다. 마치 우리의 엄마가 우리에게 특별하듯이. 아빠는 절대 알 수 없는, 오직 엄마만 오롯이 누릴 수 있는 아기와의 10개월은 크나큰 책임과 희생이 따르지만 인생에서 한 번쯤은 기꺼이 감내할 만한 특별한 경험이다.

초음파검사

정밀 초음파는 임신 20~24주 사이에 시행하며 출산 전에 선천성 기형을 발견하는 데 유용합니다. 정밀 초음파는 산모의 출산 나이가 만 35세 이상인 경우, 선별검사인 이중 표지자 검사 또는 삼중 표지자 검사에서 비정상으로 나타난 경우, 기형아, 사산아 분만의 기왕력이 있는 경우, 임산부가 선천성 기형과 관계 있는 질환이 있는 경우, 임신 14주 이전에 기형유발물질 또는 유해물질에 노출된 경우, 양수 과다 또는 과소증이 있는 경우, 일반 초음파검사상 이상을 시사하는 소견이 있는 경우, 태아 기형 유무 확인을 원하는 경우, 이 외에도 산모가 원하는 경우 매우 주의 깊게 검사를 진행합니다. 앞에서 언급한 위험성이 없는 산모의 경우에도 태아의 선천성 기형을 검사하기 위해 정밀 초음파 검사를 시행하고 있습니다.

정밀 초음파는 배를 통해 시행하는데, 중추신경계, 근골격계, 비뇨기계, 순환기계 등 가능한 한 태아의 모든 부분을 확인해 태아의 심장을 포함한 주요 장기의 선천성 기형 유무를 확인합니다. 정밀 초음파는 일반적으로 30분~1시간 정도 소요됩니다. 자세나 위치에 따라 아기가

잘 안 보이는 경우도 있어 시간이 더 오래 걸릴 수도 있습니다.

임신 중기 산전 정밀 초음파는 고해상도 초음파를 이용해 면밀히 확인하지만 경미한 기형이나 초음파상 확인하기 어려운 염색체 이상, 선천성 심장질환 중 일부는 발견이 어려울 수 있습니다. 만약 이상이 발견되면 보다 더 정밀한 검사를 받게 되며, 그 결과에 의해 해당 분야의 전문의 및 산부인과 주치의와 상담을 하고 향후 계획을 세우게 됩니다.

한 가지 더 말씀드리면, 많은 분이 정밀 초음파와 입체 초음파를 혼동합니다. 정밀 초음파는 임신 20~24주 사이에 주로 태아의 기형을 진단하는 목적으로 입술갈림증, 태아의 팔다리나 손발 등 외형적 이상뿐만 아니라 태아의 뇌 및 심장의 기형, 복부 장기의 기형, 콩팥 이상 등 주요 장기의 이상도 중점적으로 관찰합니다. 이에 비해 입체 초음파검사는 28~32주에 시행되며 태아의 얼굴이나 팔다리 등 외형을 중점적으로 봅니다. 정리해 말하자면, 정밀 초음파검사가 태아의 외형 및 내부 장기의 이상이나 기형 진단이 주된 목적이라면, 3D 입체 초음파검사는 태아의 외형적 모습을 실제와 흡사하게 보여주는 것이 목적입니다.

독감에 걸린 게 죄는 아니잖아!

남편이 산부인과 의사다 보니 지인들로부터 종종 산부인과 관련 문의를 받곤 한다. 임신 출산에 대한 것부터 자궁근종 같은 부인과 질환, 폐경기 호르몬 약에 이르기까지 질문의 스펙트럼도 넓고 다양하다. 지금은 지인 대부분이 임신, 출산과 거리가 먼 연령이다 보니 임신 관련 문의는 뜸하지만 불과 몇 년 전까지만 해도 오랜만에 연락오는 지인들 대부분이 이와 관련된 질문을 했다. 지인들에게 받은 임신, 출산 관련 질문 TOP 3를 꼽자면, 3위는 임신 중 피가 비치는데 병원에 가야 할지, 2위는 배가 자주 뭉치는데 괜찮을지, 대망의 1위는 감

기에 걸렸는데 약을 먹어도 될지 정도가 아닌가 싶다.

임신 중에도 감기에 걸리거나 아플 수 있다. 하필이면 임신 중 맹장염에 걸려 수술을 하는 경우도 봤다. 교통사고도 있을 수 있고 빙판길에 미끄러지거나 지나가는 공에 맞아 다칠 수도 있다. 임신했는데 좀 더 조심하지 그랬느냐며 임산부를 나무라는 것은 옳지 않다. 운 나쁜 일은 어느 순간에나 생기기 마련이다.

일단 질문에 대한 답은 '임신 중이라도 감기약을 먹는 것은 괜찮다'이다. 오히려 약을 먹는 것보다 산모가 열이 나는 게 태아에게 더 나쁜 영향을 줄 수 있기 때문이라고 한다. 그러나 영양제 하나 먹을 때도 하나하나 성분을 따져가며 먹는 임산부에게 아무리 해가 없다 하더라도 약을 먹는 건 신경 쓰이는 일이다.

첫째 아이를 임신했을 때 일이다. 당시 분당에서 여의도로 출퇴근을 했는데 차가 없어 지하철과 버스를 몇 번씩 갈아타야 해서 겨울 내내 감기를 달고 살았다. 다른 건 어찌 참아보겠는데 기침은 골칫거리였다. 가뜩이나 인파로 가득한 만원 지하철에서 사람들 틈에 끼어 콜록거리느라 눈치가 보이는데 앞에 앉은 중년 여성이 말했다.

"아니, 임산부가 그렇게 기침을 하면 애가 괜찮겠어요? 하여간 요즘 임산부들은 몸 간수도 제대로 못 하고 말이야, 쯧쯧쯧.”

난데없이 날아든 꾸지람에 얼굴이 홧홧했다. 임신 중에 감기에 걸린 게 공개적으로 욕을 먹을 만큼 잘못한 일인지 모르겠지만 어쨌든 건강 관리를 제대로 못 한 건 내 탓이 아닌가.

“아주머니, 임신하면 면역력이 떨어져서 감기에 걸리기 더 쉬운 거 모르세요? 직장을 다녀야 하는데 집에만 있을 수는 없잖아요.”

지금 같으면 이렇게 쏘아붙였겠지만 서른도 안 된 나는 그저 붉어진 얼굴을 떨군 채 빨리 목적지에 도착하기만을 기다릴 뿐이었다.

결국 이번에도 감기에 걸리고 말았다. 독감이었다. 미리 백신도 맞았던 터라 당황스러웠다. 열이 40도 가까이 오르고 오한, 근육통에 후각과 미각까지 사라졌다. 네 시간마다 타이레놀을 먹어도 열이 내리지 않았다. 결국 응급실에 가 독감 검사를 하고 타미플루와 수액을 처방받아 침대에 누워 천장을 보고 있자니 스물스물 죄책감이 밀려들었다.

‘좀 더 조심할 걸. 그제 밤에 밖에 나가지 말 걸. 그냥 집에 있을 걸.’

임신을 하면 내 몸이 나만의 것이 아닌데 잘 관리하지 못한 게 전부 내 탓 같았다. 조심한다고 했는데 독감은 어디서 걸렸는지, 날이 춥지도 않았는데 이상한 일이었다. 입덧 약도 먹고 인슐린도 맞고 있는데, 타이레놀에 타미플루까지 먹게 되다니. 가뜩이나 고령 임신이라 아이 건강에 신경이 쓰이는데 약까지 이렇게 많이 먹어도 되는지 걱정이 한 짐이었다. 시간이 지나자 열은 잦아들고 태동검사에서도 별다른 이상이 발견되지 않아 반나절 지나 퇴원했지만 마음은 여전히 개운치 않았다.

그러나 지나고 보니 임신 중 독감에 걸린 게 그토록 잘못한 일인가 싶다. 사랑에 빠진 게 죄는 아니지 않냐고 당당히 외치는 어느 불륜남처럼, 나 역시 크게 외치고 싶다.

"독감에 걸린 게 죄는 아니잖아!"

물론 홀몸이 아닌 임산부는 먹는 것부터 바르는 것까지 하나하나 신경 쓰이는 건 당연하다. 그러나 모든 불행이 대비한다 해서 막아지는 건 아니다. 한여름에도 감기에 걸릴 수 있고 뒤로 넘어져도 코가 깨질 수 있는데 임신 중 벌어진 모든 일을 엄마의 탓으로 돌리는 건 억울하다.

엄마들은 비단 임신 중이 아니라 아이를 키우면서도 때때로 죄책감에 직면한다. 아이가 다치거나 심하게 떼를 쓸 때, 또래 관계에 문제가 생기거나 학습이 부진할 때조차 혹여 내가 아이를 잘못 키워서 그런 게 아닐까 하는 '양육 죄책감'에 시달린다.

전문가는 엄마들이 완벽에 대한 지나친 부담과 책임감을 느끼는 것이 오히려 아이에게 부정적인 영향을 줄 수 있다고 말한다. 죄책감보다는 내가 아이를 위해 잘하고 있는 것에 대해 생각하는 관대함이 아이에게도 정서적 안정감과 긍정적 영향을 준다는 것이다.

그러니 엄마들이여, 부디 죄책감은 내려놓자. 사람이 사람을 낳는 일만큼 고귀하고 중대한 일이 어디 있을까. 우리는 그것만으로도 세상에 태어나 해야 할 모든 일을 다 해냈다고 해도 과언이 아니다. 임신은 분명 벼슬이고 출산은 생명의 확장이다. 작은 씨앗을 틔워 꽃을 피우고 열매를 맺게 한 이 모든 과정이 생명의 확장이 아니면 무엇이란 말인가. 그러니 죄책감은 저 멀리 밀어두시길. 우리는 이미 대단한 사람들이니 말이다.

이희준 교수's
산부인과 클리닉

감기에 걸리면

임신 중 감기에 걸리면 많은 산모가 태아를 위해 약을 먹지 않고 참는다고 합니다. 이는 약의 성분이 태아에게 전달돼 부작용이 일어나거나 기형아, 미숙아 등이 될까 봐 우려하기 때문입니다. 그러나 식품의약품안전평가원은 임신 중 약물 복용에 대한 과도한 불안감은 잘못된 것이라는 입장을 밝혔습니다. 건강한 임신과 출산을 위해 가급적 약물에 노출되지 않는 것이 좋지만 무조건 기피하는 것도 오히려 태아에게 안 좋은 영향을 줄 수 있기 때문입니다.

가벼운 감기의 경우 충분한 휴식으로 치료가 가능하지만, 38도 이상의 고열과 두통이 동반한다면 태아의 신경계 손상이 우려되므로 해열진통제를 복용하는 것이 좋습니다. 그러나 전문의의 처방 없이 종합 감기약을 무분별하게 복용해서는 안 됩니다. 약물과다로 문제가 생길 수 있습니다. 특히 임신 초기 증상이 감기와 매우 유사하기 때문에 임신인 줄 모르고 감기약을 복용했다가 혹시 태아에게 나쁜 영향을 주는 것은 아닌가 걱정하는 경우가 있습니다. 임신 중 열이 날 때 안전하게 복용할 수 있는 해열제는 타이레놀입니다. 약을 복용할 때는 어느 정도의 용량을 섭취해야 하는지 의사에게 꼭 문의해야 하며, 하루 최대 복용 가능 용량인 4000mg 이상은 넘지 않는 것이 중요합니다. 타이레놀, 즉 아세트아미노펜 성분은 다른 약물에도 많이 함유돼 있기 때문에 다른 약을 함께 복용한다면 같은 성분이 있는지 신중하게 확인해야 합니다. 혹시라도 아세트아미노펜 최대 복용 용량을 초과하지 않도록 주의해주세요.

독감 예방접종과 코로나 백신

질병관리본부는 임산부가 인플루엔자에 걸리면 호흡기 합병증이 발생할 수 있으므로 예방접종의 우선 권장 대상으로 선정했습니다. 임산부뿐 아니라 수유부 역시 인플루엔자 백신을 접종해도 된다는 가이드가 있으므로 독감 예방접종을 하는 것이 좋습니다. 가끔 난임 진료를 위해 방문한 환자 중에 시험관아기시술이나 인공수정을 앞두고 독감 예방접종을 해도 괜찮은지 문의합니다. 난임 시술을 앞두고 있어도 독감 예방접종은 문제가 되지 않으며 이후에 접종해도 괜찮습니다.

질병관리청에서는 임산부들이 코로나 백신을 맞아도 괜찮다고 발표했고 이미 백신 접종이 시행되고 있습니다. 코로나 백신을 맞기 전에는 주치의와 의논하는 것이 좋으며 임신 초기인 9주 이후에 접종하는 것을 권장합니다.

임신을 계획하고 있는데 코로나 백신을 맞아도 되는지 문의하는 분들도 많습니다. 백신을 미룰 필요는 없습니다. 만일 임신 중 코로나에 감염된다면 중증으로 악화될 수도 있으므로 미리 백신을 맞는 게 오히려 유리할 수 있습니다. 시험관, 인공수정 등 난임 시술을 계획하고 있는 경우에도 마찬가지입니다.

아이 다리가 좀 짧네요

마흔이 넘도록 한국에서 살다 난생처음 미국이라는 나라에 가서 느낀 점 중 하나는 유독 미남이 많다는 것이다. 연구원으로 대학 캠퍼스를 방문한 첫날, 몇 분에 한 번 꼴로 마주치는 훤칠한 청년들 덕분에 두 눈이 휘둥그래졌다. 별로 멋을 내시도 않고 헐렁한 후드 티셔츠에 반바지를 걸치고 보드를 타는 학생들은 180센티미터는 족히 넘는 키에 작은 얼굴, 오뚝한 코를 가진 화려한 인상이었다. 미남은 대학에만 있는 게 아니었다. 초등학교에 아이들을 데리러 온 아이 아빠들도 어쩜 그리 수려한지. 신체 비율이며 얼굴 생김새며 드라마 속에서

막 튀어나온 배우들 같았다. 그도 그럴 것이 우리는 외모가 잘 생겼다, 예쁘다고 할 때 백인을 기준 삼는 경향이 있다. 큰 키, 긴 팔다리, 큰 눈과 높은 코, 작은 얼굴, 모두 서양인의 전형적인 특징 아닌가.

몇 해 전인가, 과학 잡지 〈사이언스〉에서 성형에 대한 흥미로운 기사를 읽은 적이 있다. 수자타라는 과학 작가가 쓴 글에 따르면 최근 10여 년간 미국에 사는 백인, 유색인을 대상으로 각각 성형의 방향을 조사했더니, 백인들은 주로 코를 낮추는 수술을, 유색인은 코를 높이는 수술을 했단다. 가능한 한 백인의 모습에 닮고자 하는 열망이 반영된 결과다. 재미있는 것은 최근 들어 이와 같은 백인 동경 성형수술이 서서히 퇴조하고 있다는 것이다. 무조건 백인을 따라 하는 것이 아닌, 인종적 특징을 살리는 방향으로 성형하는 추세라는 뜻이다. 그럼에도 불구하고 우리는 여전히 미인을 이야기할 때 긴 다리와 쌍꺼풀 있는 큰 눈, 좁고 뾰족한 하관을 꼽는다.

임신을 하게 되면 아이에 대해 가장 궁금한 것은 아마도 첫째가 아이의 성별, 그다음은 생김새가 아닐까. 한 연예인은 임신했을 때 태교를 위해 잘생긴 배우 사진을 집 안 곳곳에 붙여놓았다고 한다. 덕분에 잘생긴 아이를 낳았는지는 모를 일이지만. 나 역시 셋째가 아들이라는 것을 안 순간부터 아이의 외모에 대한 상상의 나래를 펼쳤다. 미국에서 10분에 한 번씩 마주치는 미남들처럼 키도 크고 어깨도 넓은 건장한 청년의 모습을 떠올리며 흐뭇하게 미소지었다.

어느덧 시간이 흘러 임신 36주, 그날은 입체 초음파를 보기로 한 날이었다. 출산이 얼마 남지 않았으니 배 속 아기는 거의 태아의 모습에 가까워졌을 터였다. 이 시기에는 초음파를 통해 아이의 얼굴, 움직임 등을 체크하고 머리 길이, 팔다리 길이 등을 살펴본다. 산처럼 부른 배를 내민 채 모니터 속 아기의 모습에 감동하고 있는데 유독 선생님이 특정 부위의 길이를 여러 번 재는 것이 느껴졌다. 뭔가 이상한 낌새를 느껴 물었다.

"선생님, 아기에게 무슨 문제가 있나요?"

"잠시만요, 조금 더 볼게요."

30분이면 끝날 거라던 검사 시간은 계속 지연됐다. 선생님은 아기의 다리 길이를 여러 번 반복해 쟀다. 자꾸 묻기도 뭐해, 이래저래 선생님 표정만 살피고 있는데 청천병력 같은 말씀이 떨어졌다.

"아기 다리 길이가 좀 짧네요. 결과는 주치의 선생님께 들으시면 됩니다."

다리 길이가 짧다고? 오만 가지 생각이 다 들었다. 다리 길이가 짧다는 게 무슨 뜻이지. 평균보다 조금 짧다면 별 문제가 안 되지만 정상 범위 밖이라면 심각해진다. 머릿속에 온갖 걱정이 뒤섞이고 침이 말랐다. 끝날 때까지 끝난 게 아니라더니. 이 또한 내 나이 탓인가, 더럭 겁이 났다. 몇 분 뒤 주치의 선생님이 입장했다.

"혹시 아빠의 키가 어떻게 되나요?"

"저와 비슷한데요."

여자치고 큰 편인 나와 키가 비등한 남편은 평균보다 약간 작은 편이다. 남편의 키를 물어본 건 태아의 다리가 짧은 것이 유전적 영향인지 알아보려는 이유에서인 것 같았다.

"자, 이 그래프를 보세요. 아이 다리 길이는 비슷한 주수 태아의 정상 범주에서 가장 낮은 수치, 바로 여기에 속합니다."

선생님은 그래프의 정상 범주 표시의 가장 낮은 곳을 펜으로 가리키며 말을 이었다.

"조금 애매하기는 한데, 어쨌거나 정상 범주 안에 있기 때문에 큰 걱정은 하지 않으셔도 될 것 같습니다."

"그러니까 아이는 정상이라는 말씀이죠? 아무 이상 없는 거죠?"

나는 걱정이 돼 되물었다.

"네, 아이는 괜찮습니다. 걱정 마세요."

여전히 미심쩍은 표정으로 불안해하는 내게 주치의 선생님은 웃으며 답했다. 아니, 정상이면 정상이지, 정상 범주에서 가장 낮다는 건 또 뭐람. 괜히 불안하게. 병원을 나서며 남편에게 전화를 걸어 이 일을 자세히 설명했다.

"아기 다리가 짧다는데 혹시 문제가 있는 건 아니겠지?"

"그래? 아이가 나를 닮아 다리가 짧은가 보네. 걱정 마, 정상 범주 안이라고 했다면서."

이제 잘 낳는 일만 남았다 싶었는데, 입덧에 당뇨에 독감에, 이번에는 다리 길이까지. 이건 뭐, 임신부터 지금까지 모든 것이 드라마틱, 그 자체였다. 처음 임신 사실을 알았을 때는 건강하기만 하면 된다고 생각했는데. 얼마나 됐다고 욕심이 불어 태어나지도 않은 아이의 생김새까지 바라고 있던 내가 한심했다. 며칠을 고민하며 전전긍긍하고 있는데 남편이 나를 불렀다.

"보영아, 이리 와서 이 자료 좀 봐. 태아 평균 다리 길이가 인종별로 좀 다른 것 같아. 이거 봐. 우리나라 기준으로 보면 지극히 평균이잖아."

남편은 국내 산부인과 병원에 관련 자료를 요청해 내게 보여주며 말했다. 짐짓 태연한 척했지만 그도 내심 신경이 쓰였던 모양이다. 이렇게 아이의 다리 길이 소동은 인종 간 평균

수치의 차이에서 일어난 하나의 해프닝으로 끝났지만 덕분에 소중한 교훈을 얻었다. 롱다리든 숏다리든, 얼굴이 크든 작든, 그것이 뭣이 중할까? 그저 무탈하게 사고 없이 건강하고 행복하게만 자랐으면 좋겠다.

이희준 교수's
산부인과 클리닉

대퇴골 길이

- **셋째 아이 36주 대퇴골 길이 : 63.7mm**

– 63.7mm는 미국 기준으로 33주 태아의 대퇴골 길이(Femur Lengt, FL) 평균에 해당

– 36주 미국 태아 기준으로는 하위 2%에 해당(100명 중에 하위 98등)

– 그러나 한국 태아는 평균에서 조금 짧은 길이로 하위 40% 해당(한국 35주 태아 FL 평균 64.5~65.0mm, 36주는 FL 평균이 66~68mm, 서울대병원 산부인과 자료)

태아의 평균 대퇴골(넓적다리뼈, 허벅지뼈) 길이는 서양인과 동양인에게 약간의 차이가 있습니다. 다만, 임신 초, 중반기까지는 차이가 없으나 임신 후반기부터 약간의 차이가 생깁니다. 임신 초기에서 후반기까지는 셋째 아이의 머리 둘레나 팔 길이, 다리 길이 등이 미국 태아의 평균 치수와 큰 차이가 없으나, 임신 후반기로 갈수록 유독 다리 길이만은 평균 밑으로 내려가고 있음을 알 수 있었습니다. 임신 19주 때, 셋째 아이와 미국 태아들을 비교해보면 53%의 길이였으나, 24주에는 42%

로 내려가고, 30주에는 11%로 내려갑니다. 급기야 36주에는 하위 2%, 그러니까 100명의 미국 태아들과 함께 있다면 다리 길이가 98등으로 짧다는 뜻입니다. 하지만 한국 태아들과 비교하면 하위 40%에 해당됩니다. 물론, 이 기준을 바탕으로 서양의 태아보다 동양의 태아, 특히 한국 태아의 다리 길이가 짧다고 단언할 수는 없습니다. FL이 짧다는 뜻이지 종아리뼈 길이까지 합친 총 다리 길이가 짧다는 뜻은 아니기 때문입니다. 그리고 임신 후반기 특히 마지막 한 달에서 약간의 차이가 있을 뿐이고, 태어난 이후에는 성장 속도에 따라 또 다른 차이가 있을 수 있습니다. 이번 일로 태아의 특정 부위가 특정 시기에 차이가 있다는 것을 저도 처음 알았습니다. 잠시였지만, 막내에게 신체적 문제가 있는 건 아닌지 깜짝 놀라기도 했습니다.

공짜라서 좋다, 임신 박스

셋째지만 첫째나 다름없었다. 첫 아기만큼이나 준비할 것이 많았다는 뜻이다. 큰아이 때 사서 둘째 때도 잘 썼던 유모차, 카시트는 어떻게 처분했는지 기억조차 나지 않았으니 당연했다. 무려 8년 만에 태어나는 아기였다.

아기 하나 태어나는 데 필요한 것들이 얼마나 많은지, 처음이 아닌데도 처음처럼 허둥댔다. 아기용품도 패션 못지않게 유행을 탄다. 10여년 전에는 인기 있었던 브랜드가 어느새 유행이 지난 옛것이 돼 있었다. 아기 띠만 해도 그렇다. 예전 아기 띠는 앞으로 매는 것이 당연했는데 요즘은 '슬링'이라고

해서 아기를 마치 캥거루처럼 안을 수 있는 용품이 등장했다. '힙시트'라는 것도 있어서 벨트처럼 허리에 차면 아기 엉덩이를 걸쳐 앉힐 수 있다. '육아는 장비빨'이라 하더니 신세계가 따로 없었다.

특히 풍요의 나라답게 미국은 육아템의 천국이다. 우리나라에 있을 때는 구하기 어려웠던 브랜드를 훨씬 쉽고 저렴하게 구할 수 있으니 그 또한 장점이었다. 우리는 육아용품을 모아 파는 큰 마켓으로 가 이것저것을 구경하기로 했다. 유모차, 카시트처럼 부피가 큰 것부터 시작해 손싸개, 발싸개, 가제 수건까지, 필요한 것들은 차고 넘쳤다. 닥치는 대로 카트에 넣고 싶은 욕구를 필사적으로 붙잡으며 꼭 필요한 것만 담기 위해 애를 썼다. 이건 모양이 예쁘니까, 이건 세일을 많이 하니까, 이것도 있으면 잘 쓸 것 같은데 등 모든 물건에는 사야 할 이유가 있었다. 하지만 재화는 한정됐고 무리해서는 안 되었다.

아기가 태어나면 필요한 물건들이 이토록 많았던가? 두 번의 경험이 무색하게 모든 것이 처음처럼 생경했다. 인터넷 속 쏟아지는 정보 중에서 무엇을 선택해야 할지 마치 버퍼링 걸린 인터넷처럼 허둥거렸다. 그런데 나와 같은 초보 엄마를 위해 각종 아기용품 샘플을 무료로 보내주는 서비스가 있었으니 그것은 바로 임신 박스! 미국에서는 분유 회사 등 육아용품 기업에서 자사 제품을 홍보하기 위해 이와 같은 서비스를 제공한다. 임신 박스 안에는 자사 제품뿐만 아니라 기저귀, 공갈 젖꼭지, 양말, 아기 내복 등 다양한 제품이 들어 있어 미리 써보고 제품을 선택할 수 있다. 역시 부자 나라라 공짜로 물건도 나눠 준다며 감탄했는데, 알고 보니 우리나라에도 이와 같은 서비스를 어렵지 않게 찾아볼 수 있었다.

다만 미국은 추첨 등의 과정 없이 신청한 사람 누구에게나 임신 박스를 제공한다. 나는 아마존과 한 분유 회사에 임신 박스를 신청해 며칠 뒤 받아보았다. 물티슈, 공갈 젖꼭지, 가슴 크림 등 신생아를 키우는 데 필요한 다양한 용품들이 커다란 박스 안에 담겨왔다.

선물로 받은 공짜 제품과 내가 구입한 내복, 양말 등을 침대 위에 곱게 올리고 사진을 찍었다. 곧 아기가 태어난다는 사실이 실감됐다. 딸들은 자그마한 아기 옷을 제 몸에 대어보며 너무 작고 귀엽다며 깔깔댔다. 조만간 합류할 새 식구는 어떻게 생겼을까? 웃을 때는 어떤 표정일까? 울 때는 목소리가 우렁찰까? 딸들과 남편 모두 모여 막내에 대한 얘기로 늦도록 수다가 이어졌다. 이미 준비는 끝난 것만 같았다.

이희준 교수's
산부인과 클리닉

인공수정과 시험관시술

인공수정(intrauterine insemination, IUI)

난임 센터를 방문하면 처음부터 시험관시술을 해야 한다고 오해하는 분들이 계십니다. 난임 시술은 환자의 나이 및 건강 상태에 따라 시행 여부를 결정하게 됩니다. 처음 방문하면 여성은 피검사, 초음파검사 및 나팔관검사를 진행하고 남성은 피검사와 정자검사를 시행합니다. 이 검사를 바탕으로 별다른 이상이 없다면 우선 인공수정을 시행합니다. 인공수정은 어감과 달리 그렇게 '인공적'인 시술이 아닙니다. 다만 여성의 자궁으로 남성의 정자를 '직접' 주입한다고 해서 '인공수정'이라고 부릅니다. 인공수정의 단계는 다음과 같습니다.

1. 생리 시작 3일차부터 난포를 키우는 약물을 주기도 하고, 약물 없이 시작하기도 합니다.
2. 초음파검사를 통해 난포의 성장을 관찰합니다.
3. 난포를 터뜨리는 주사를 맞습니다. 이 주사를 맞으면 2일 내로 배란

이 됩니다.

4. 배란되는 즈음에 부부가 함께 병원을 방문하고 남성의 정자를 채취해 건강한 정자를 선별합니다.
5. 배란일 당일 여성의 질을 통해 선별된 정자를 주입합니다.

인공수정은 시술 시 통증이 없고 간단하게 외래에서 시행할 수 있으며 비용 역시 시험관시술에 비해 저렴하다는 장점이 있습니다. 인공수정은 여성의 자궁 경관이나 점액에 문제가 있거나 남성의 성교 장애 때문에 질 내 삽입이나 사정이 어려운 경우에 시행합니다. 만일 여성의 난관(나팔관)에 구조적 문제가 있거나 배란 장애가 있거나 또는 남성의 정자에 문제가 있다면 인공수정보다는 시험관시술을 시행하게 됩니다.

✦ 시험관아기시술(체외수정시술; in vitro fertilization, IVF)

흔히 IVF라고 부르는 시험관아기시술은 여성의 몸 안에서 정상적으로 일어났던 수정 과정을 인체 밖에서 인위적으로 이루지게 해 임신을 유도하는 방법입니다. 즉, 여성의 성숙된 난자를 체외로 채취하고, 남성의 정액 역시 체외로 채취해 배양 접시에서 수정시킵니다. 3~5일 동안 배양한 후 여성의 자궁 안으로 이식해 임신이 되도록 하는 것입니다. 인공수정은 여성의 자궁 안에서 수정이 이루어지고, 시험관아기시술

은 몸 밖에서 수정이 이루어진다 해서 체외수정시술이라고 부르기도 합니다. 시험관아기시술의 단계는 다음과 같습니다.

1. 생리 시작 3일차부터 복부에 난포 키우는 주사를 맞습니다.
2. 초음파와 피검사를 통해 난포의 성장을 관찰, 조절합니다.
3. 난포가 18mm 정도의 크기로 커지면 난포를 터뜨리는 주사를 맞습니다.
4. 배란일에 부부가 병원을 방문해 남성의 정자와 여성의 난자를 채취합니다.
5. 난자와 정자를 체외에서 자연수정하거나 미세정자주입술(intracytoplasmic sperm injection, ICSI)을 시행합니다.
6. 수정에 성공한 수정란(배아)을 3~5일 동안 배양합니다.
7. 신선배아를 여성의 자궁 내로 이식합니다(신선배아이식).
8. 남은 배아는 동결 후 보관합니다.
9. 냉동한 배아를 다음 생리 주기에 해동한 후 이식하는 것을 냉동배아 이식이라고 합니다.

시험관아기시술이 필요한 경우는, 여성의 난관이 모두 막힌 경우, 난관 절제수술을 받아 양쪽 난관을 모두 잃은 경우, 난관 상태가 좋지 않아 난관성형수술을 받았으나 실패한 경우, 여성에게 정자를 받아들이지 못하는 면역항체가 있는 면역성 난임인 경우, 여성의 난소 기능이 저하됐거나 나이가 많은 경우 등을 들 수 있습니다. 남성의 정자 수가 부족하거나 운동성이 부족해 정상적으로 임신이 되지 않는 경우에도 시술합니다. 그 외에도 원인 불명의 난임으로 인해 다른 방법으로 임신에 모두 실패한 경우에 선택하게 됩니다.

인공수정과 시험관아기시술 모두 난임 부부들의 임신을 돕기 위한 시술 방법입니다. 부부의 나이와 건강 상태를 고려해 적합한 시술을 선택하는 것이 중요합니다.

출산 3종 세트

회음부 면도, 회음부 절개, 관장으로 이어지는 세 가지는 소위 출산 3종 세트라 불리는 것이다. 세 가지 모두 피하고 싶고 치욕스럽기 그지없지만 출산의 과정 중 반드시 필요해서 3종 세트로 이름 붙여졌다. 첫 출산 때 일이다. 양수가 터지고 분만을 위해 옷을 갈아입는데 간호사가 방문을 두드리며 말했다.

"산모님, 회음부 면도하셔야 하니까 속옷 벗고 누우세요."

"네? 어디를 면도한다고요?"

나는 소스라치게 놀라 외쳤다. 출산 시 위생을 위해 회음부를 제모한다는 사실을 미처 몰랐기 때문이다. 엉거주춤 속옷을 벗은 뒤 침대에 눕자 간호사님이 능숙한 손길로 제모를 시작했다. 얼굴이 화끈거렸지만 애도 낳는 판국에 제모가 대수냐며 마음을 다잡았다.

“산모님, 분만 전에 관장하셔야 하니까요. 이 물약 드시고 10분 후에 화장실로 가시면 됩니다.”

“네? 관장이요?”

나는 또 다시 놀라 되물었다. 출산 전에는 관장도 해야 하나. 분만할 때 힘을 주다 보면 대변이 배출될 수 있기 때문에 미리 속을 비워두는 것이란다. 그래, 의료진 앞에서 그런 모습까지 보여줄 수는 없지. 결연한 의지로 꿀떡꿀떡 물약을 먹자 곧바로 신호가 왔다. 1분이 이리도 길었던가? 부른 배를 움켜쥐고 항문에 힘을 준 채 어정쩡한 자세로 침대 난간을 잡고 서서 외쳤다.

“저, 간호사님, 지금 화장실 가면 안 되나요?”

“안 됩니다. 10분 동안 참으셔야 해요.”

10분이라니, 3분도 참기 어려운데 10분이라니! 나는 아기의 얼굴에 똥이 섞여 나오는 장면을 머릿속으로 상상하며 항문을 막는 데 온 힘을 집중했다. 더 이상은 안 되겠다는 생각에 시계를 보니 8분. 더 참다간 애 나오기 전에 분만실 바닥에다 똥칠을 할 것만 같았다. 결국 10분을 채우지 못한 채 화장실로 달려가 속을 시원하게 비우고 나니 식은땀이 흘렀다. 제모에 이어 관장까지, 아직 아기를 낳지도 않았는데 벌써 아랫도리가 휑하니 허전했다.

출산 3종 세트의 마지막 관문은 회음부 절개다. 상상만 해도 끔찍하지만 미리 출산한 선배들에게 듣기로는 아기가 분만길을 통과할 때 느끼는 고통이 너무나 큰 나머지 정작 회음부를 절개할 때는 아픔 따위를 느낄 새가 없다고 했다. 이걸 좋다 해야 할지, 나쁘다 해야 할지 알 수 없는 노릇이었다.

재미 있는 건 미국에는 출산 3종 세트가 없다. 제모도, 관장도, 심지어 회음부 절개도 하지 않는다. 절개 없이 아이를 낳다가 열상이 생기면 그제야 봉합을 하는 방식이다. 그러나 자연적으로 찢어진 자리는 잘 아물지 않을 수도 있고 운이 나빠 항문까지 상처가 이어지면 봉합 후에도 염증이 생기거나 용변을 보기 힘들 수 있다. 따라서 출산 전에 선생님과 상의하는 것이 좋다.

얼마 전에 방영한 드라마 〈산후조리원〉에서 이 출산 3종 세트가 나와 화제가 됐다. 극중 주인공인 엄지원은 무통분만으로 아들을 출산했다. 분만 중 리얼한 출산 연기가 일품이었는데 특히 아픔을 참지 못해 의사를 향해 무통주사 가져오라며 비명을 지르는 모습은 웃음을 넘어 현실 그 자체였다. 가장 인상 깊었던 장면은 출산 직후 모든 사람들이 삼바춤을 추는 신. 산모의 고통 어린 신음 끝에 아들이 태어나자 남편과 시부모는 어디선가 들려오는 신나는 음악에 맞춰 장손의 탄생을 기뻐하는 삼바춤을 춘다. 그러나 아이를 낳은 주인공의 표정은 그들과 달리 지치고 피곤해 보이는데, 마침 친정 엄마(손숙)가 등장하며 삼바 음악이 꺼지고 춤판은 끝이 난다. 주인공의 마른 입술을 축여주며 측은하게 딸을 내려다보는 친정 엄마의 얼굴과 함께 흐르는 "모두가 탄생의 기쁨에 젖어 있을 때 나와 같은 마음으로 나를 보던 한 사람이 있었다"라는 대사는 세상의 모든 친정 엄마를 떠올리며 울컥하게 만들었다.

첫아이를 낳으러 분만실에 들어가던 날, 엄마는 나를 보며 말씀하셨다. "천장이 하얗게 되면서 별이 딱 보이는 순간이 있어. 그 순간 아이가 나올 거야." 모든 사람들이 곧 태어날 아이를 기다릴 때 오로지 내 걱정에 조바심으로 분만실 앞을 지킨, 아이 건강보다 내 안위를 먼저 물어본 단 한 사람, 엄마. 엄마도 나처럼 고생해서 나를 낳았겠지. 엄마도 천장에서 별을 봤겠구나. 아이를 낳아봐야 부모의 마음을 이해한다는 말을 이제야 비로소 이해한다.

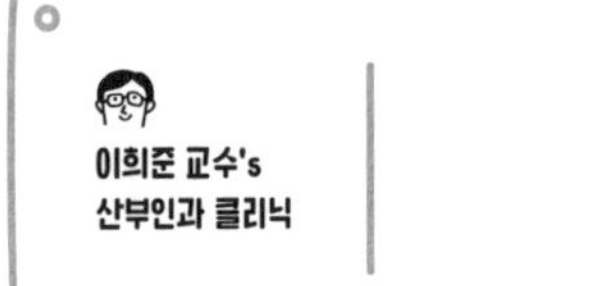

회음부 절개

자연분만 시 회음부가 잘 이완되고 아이 머리가 잘 나오는 등 문제가 없으면 회음부를 절개하지는 않습니다. 하지만 회음부가 잘 이완되지 않거나, 아이 머리가 끼어 있거나, 산모의 힘이 너무 약하거나, 분만 직전 심박동이 떨어지는 등 불안정한 경우 회음부를 절개합니다. 이는 산도를 확보해 태아를 보호하기 위함입니다. 또 불규칙한 열상을 예방하고 분만 시 과도한 열상으로 인한 항문 열상, 방광 열상 등으로 발생하는 방광류, 직장류, 자궁탈출증, 요실금 등의 합병증을 예방하기 위함이기도 합니다.

당연히 절개는 가위로 하기 때문에 봉합에 시간이 걸릴 수 있습니다. 당연히 절개 후 통증이 있고 산모는 아이를 낳고 나서 불편함을 느낄 수 있습니다. 회복은 보통 일주일 정도 걸리는데 흉터가 조금 남을 수 있습니다. 심하게 난산인 경우, 즉 산모에 비해 아기가 크거나 산도를 많이 확보해야 하는 상황에서 산모가 힘을 주지 못하면 회음부를 깊고 크게 절개하기도 합니다.

식구가 된 걸 환영해

세 번째 출산은 좀 다를 거라고 했다. 보통 처음이 가장 힘들고 두 번째는 그보다 낫고 세 번째는 더 쉽단다. 아니, 쉽다는 표현은 가당치 않다. 세 번이고 네 번이고 출산의 과정은 결코 쉽지 않다. 생살을 찢는 고통을 '쉽다'는 말로는 감히 표현할 수 없을 것이다.

두 번째가 처음보다 '수월'했던 건 경험상 사실이었다. 그러나 이 또한 내가 그랬다 해서 일반화할 수는 없다. 오히려 두 번째가 더 힘들다는 이들도 있기 때문이다. 셋째 출산이 이전보다 낫다는 건 '대체적'으로 그렇다는 것일 게다.

엄마라는 존재가 대단한 이유는 여러 가지가 있지만 으뜸은 임신과 출산이다. 남자들은 모른다. 그것이 얼마나 대단하고 경이로운 일인지. 세상에 없던 것을 열 달 동안 품었다 세상 밖으로 내보내는 데에 얼마나 큰 수고와 고통이 동반되는지를. 남편은 그 어려운 일을 어떻게 세 번씩이나 해냈느냐며 종종 감탄한다. 그는 산부인과 의사이므로 출산의 어려움과 노고에 대해 누구보다 잘 알고 있기 때문일 것이다.

첫째와 둘째 모두 출산 예정일을 일주일쯤 앞두고 태어났다. 큰아이는 집에서 양수가 터져 병원을 찾았고 둘째는 정기검진 때 자궁문이 열린 것을 확인하고 곧바로 출산에 들어갔다. 그러나 셋째는 40주를 다 채우고도 나올 생각을 하지 않았다. 셋째는 빨리 나온다더니 이 또한 속설인 모양이다. 의사 선생님은 39주 정기검진에서 만일 아이가 40주를 지나도 나오지 않으면 유도분만을 하는 것이 좋겠다고 했다. 아기가 너무 빨리 나와도 문제지만 늦는 것도 좋지 않기 때문이다.

아이를 만나기로 한 일요일 오전, 간단히 짐을 꾸려 병원으로 향했다. 아이들은 동네에서 친하게 지내는 한국 가족이 맡아주기로 했다. 이미 분만실을 가본 적이 있어 헤매지 않고 바로 찾을 수 있었다. 미국은 출산 전에 분만 · 입원실을 미리 소개하는 투어 제도가 있는데 보통 예정일을 한 달쯤 앞두고 이루어진다. 미국 병원은 분만실과 입원실이 따로 분리돼 있지 않다. 분만을 한 곳에서 하루나 이틀(우리나라는 자연분만의 경우 3~4일 정도 입원하는 것이 보통이지만 미국은 1박 이상 입원하는 경우가 거의 없다) 정도 머무른 뒤 퇴원하는 게 일반적이다.

분만실은 아늑했다. 의료 기구가 없다면 호텔이라고 해도 믿을 정도였다. 넓은 창을 통해 시내의 아름다운 풍경이 내려다보였다. 침대 왼편에는 보호자가 자거나 쉴 수 있는 카우치 형태의 소파가, 오른편에는 아기용 베시넷이 놓여 있었다.

입원 수속을 마치고 환자복으로 갈아입은 뒤 침대에 누워 분만을 유도하는 촉진제를 맞았다. 혈관에 바늘을 꼽기 무섭게 약이 몸속으로 퍼지는 것이 느껴졌다. 얼마 뒤 일정한 간격으로 경미한 복통이 시작됐다. 자궁문이 열리고 아기가 나올 준비를 하는 것일 테다. 출산은 세 번째였지만 처음처럼 두렵고 긴장됐다. 진통이 시작되자 마취과 의료진들이 들어섰다. 그들은 허리에 경막외 마취제(무통주사)를 놓았다. 곧 진통 간격이 짧아지면서 휘몰아치는 고통이 시작될 것이었다.

그때였다. 둘째 딸이 분만실 문을 열고 들어왔다. 미국의 분만실은 가족들에 한해 개방되기 때문에 원한다면 가족 누구나 함께 머무를 수 있다. 의료진들은 딸의 방문을 환영하며 다만 분만 과정을 적나라하게 볼 수 없도록 아이를 내 머리맡에 서 있도록 했다. 최대한 소리를 내지 않으려고 노력했다. 먼 미래 나와 같은 경험을 하게 될지 모르는 딸에게 아이를 낳는 것이 단지 힘들고 고통스러운 일로 기억하게 하고 싶지 않았다. 아프긴 해도, 참을 만한 것으로. 그리고 이어지는 환희의 순간 덕분에 고통 따위는 아무것도 아닌 것으로 보여주고 싶었다.

본격적인 진통이 시작되고 분만실 안에는 지난 10개월 간 임신의 모든 과정을 함께한 주치의 선생님과 산부인과 전공의 셋, 의과대학 학생 하나, 간호사 둘 그리고 남편과 아이, 이렇게 여러 명이 자리했다. 의료진들은 모두 밝고 활기찬 표정으로 새 생명이 탄생하는 과정을 응원해주었다. 모두가 웃었고 즐거웠다. 이는 지난 출산과는 확실히 다른 경험이었다. 흡사 출산 파티의 호스트가 된 기분이랄까. 여러 명의 의료진은 아기가 내 몸을 통과하는 고통의 순간 내내, 한목소리로 잘하고 있다고, 조금만 힘을 내라며 소리쳤다.

자, 이제 조금만 더! 이제 거의 다 왔다. 여기서 한 번만 힘을 주면 아기 머리가 나올 것이란 느낌이 드는 찰나, 그야말로 젖 먹던 힘까지 쥐어짜며 아기를 밖으로 밀어냈다. 빨리 끝내는 것이 아이도 편할 것이라고 생각했다. 그저 본능적으로 드는 생각이었다. 조금 더, 조금만 더, 계속 이렇게 힘을 주다가는 온몸의 혈관이 다 터져 나갈지 모르겠다고 느낀 그 순간, 아이가 세상에 나왔다. 응애 응애! 큰 울음소리가 방 안을 쩌렁쩌렁 울렸다. 온몸에 힘이 빠지고 그제야 미소가 지어졌다. 남편과 딸아이가 두 눈 가득 그렁그렁한 눈물로 나를 바라보았다. 의료진은 크게 축하의 박수를 쳤고, 간호사 중 한 명이 유리창에 "Welcome, Baby Daniel!"이라는 글씨를 크게 썼다.

세 번째가 수월하다는 건 사실이 아니었다. 이는 단지 아이를 낳는 과정만을 얘기하는 것이 아니다. 내가 이 작고 소중한 생명체의 엄마가 됐구나 하는 마음, 어디서부터 왔는지 모를 주체하지 못할 정도로 넘치는 사랑이 심장 가득 퍼지는 경험은 비록 세 번째라 해도 감당하기 어려운 것이었다. 새끼 손톱보다 자그마한 세포가 내 자궁 어딘가에서 싹을 틔워 열 달 동안 나의 영양분을 받아 먹으며 자라다가 드디어 세상 밖으로 나와 내 품에 안긴, 그 감동적인 순간은 첫 출산 때와 다름없이 크고 무겁게 다가왔다. 나는 목놓아 울고 싶은 기분을 애써 참으며 아기를 바라보았다.

잘 왔어, 우리 아기. 여기까지 오느라 고생 많았지. 우리 식구가 된 걸 환영해.

무통분만

출산은 고통이 수반되는 숭고하고 아름다운 과정입니다. 출산을 경험한 모든 엄마에게 경외의 박수를 보냅니다. 요즘은 의식은 있으면서 통증을 느끼지 않는 자연분만법인 경막외 마취를 통한 무통분만(경막외 마취분만)을 진행합니다. 분만 시 통증은 1, 2기로 나눌 수 있는데 1기 통증은 자궁경부가 열리고 규칙적인 자궁 수축에 의한 것으로 10번 흉추부터 1번 요추신경을 통해 통증이 전달되고 주로 하복부와 등하부에 통증이 느껴집니다. 2기 통증은 회음부와 질의 신전에 의한 통증으로 2~4번 천골신경을 통해 전달돼 하복부와 회음부에 통증을 느끼게 됩니다.

무통분만은 경막외 마취를 통해 통증이 전달되는 신경을 차단함으로써 통증을 줄여주는 원리입니다. 사람의 척추에는 척추뼈와 여러 구조물이 중앙의 척수를 둘러싸고 있는데 그 구조물 중 하나인 경막의 바깥쪽에 약물을 주입해 마취하는 것을 경막외 마취라고 합니다. 이때 사용되는 약물은 적은 농도로 진통 시 통증을 전달하는 신경만을 선택적으로 차단합니다. 통증만 느끼지 못할 뿐 모든 의식은 정상입니다. 또한 산모는 다리도 움직이고 말도 할 수 있습니다. 통증이 감소한다는 점만 다를 뿐 진통을 하고 아기가 나오는 분만 과정은 마취 없이 진행하는 일반 자연분만과 똑같습니다.

무통분만의 과정을 간단히 살펴보면 시술 시기는 대략 자궁경부가 4~5cm 정도 열렸을 때 시행하는데 너무 빨리 마취를 하면 태아가 골반을 빠져나오는 과정을 방해하고 너무 늦게 마취를 하면 효과가 떨어집니다. 먼저 임산부가 왼쪽으로 돌아누운 상태에서 등 중앙에 바늘을 꽂아 경막외 공간에 마취제를 주입합니다. 피하조직에 국소마취를 한 후 바늘을 진입시켜 척추의 구조물인 경막의 바깥쪽 공간을 확인하고 바늘로 가느다란 튜브(카테터, catheter)를 경막외 공간에 거치시킨 후 바늘만 제거하는 방법입니다. 튜브를 통해 약물을 주입하면 경막외 공간으로 약이 확산되면서 신경을 차단하게 돼 진통 작용이 나타납니다. 한번 약물을 주입하면 1~2시간 정도 지속되고 분만을 마칠 때까지 반복 투여해 통증을 제거할 수 있습니다.

02 육아 전쟁의 서막이 오르고

딸 둘에 아들 하나, 나는 금메달?

막내가 태어나기 전, 딸 둘 엄마였던 지난 12년 동안 주변 사람들로부터 "아이 하나 더 낳을 계획은 없느냐"는 질문을 종종 받아왔다. 아들 딸이 하나씩 있거나 하다못해 아들만 둘이었어도 그런 질문은 없었을 것이다. 올해 95세이신 외할머니는 슬하에 아들 셋, 딸 셋을 공평하게 두셨는데, 외손녀에게 아들이 없는 것을 누구보다 안타까워하며 만날 때마다 내 손을 꼭 붙잡고는 "보영아, 너도 아들 하나 낳아야 주게"라고 제주 방언으로 말씀하셨다.

"할머니, 아들 있으면 뭐가 좋아요?"

"아들이 있어야 든든허다게. 마음으로 그런 게 있어. 너도 아들 하나 있어야 주게."

아무리 봐도 외삼촌 셋보다는 엄마를 비롯한 이모들이 외할머니의 든든한 후원군이자 울타리처럼 보이는데, 알 수 없는 노릇이었다.

시어머니는 경북 영주의 작은 마을에서 딸 다섯, 아들 둘인 일곱 남매 중 맏딸로 태어났다. 아들, 딸, 아들, 딸 섞여서 일곱이 아니라 딸, 딸, 딸, 딸, 딸, 연 이은 딸 행렬 뒤에 귀한 아들을 얻은 집안의 장녀였다. 우리나라에서도 특히 남아선호가 높은 영남 지역 시골에서 다섯 딸 뒤로 얻은 아들이 얼마나 귀하게 대접받았을지 불 보듯 뻔하다. 아들 귀한 집안의 맏딸로 자란 시어머니지만 외며느리인 내게 아들 손주 욕심을 내비친 적은 한 번도 없다. 오히려 시외숙모님께서 만날 때마다 "아들 하나 더 안 낳느냐"는 말을 마치 안부 인사처럼 하셨다. 시외숙모님은 다섯의 딸 뒤에 얻은 바로 그 귀한 아들과 결혼해 딸만 둘을 두셨다. 아들 귀한 집에 시집와 아들을 낳지 못한 스트레스가 적지 않았을 것이다. 그 아쉬움과 안타까움이 조카며느리인 내게 투영된 것이 아닐까 짐작한다.

마흔을 바라보는 나이가 되자 점점 셋째 소리를 하는 이들이 사라졌다. 다른 이들이 보기에도 애를 낳기에는 나이가 많았을 뿐 아니라, 무엇보다 셋째가 아들이라는 보장도 없기 때문이다. 그렇게 우리의 가족 계획이 사람들의 관심에서 사라져갈 때쯤 늦둥이가 찾아왔다. 둘째를 낳은 지 8년 만이었다. 계획에 없던 임신이라 얼떨떨한 가운데 내심 아들이었으면 하고 바랐다. 아들이 좋아서라기보다 딸이 둘 있으니 늦게 고생하는 참에 아들도 낳아봤으면 욕심이 났던 것이다. 말은 안 해도 시어머님 역시 아들 손주를 바라실 게 분명했다.

다행히(?) 셋째는 아들이었다. 임신 14주쯤, 혈액검사를 통해 아이 성별을 확인하던 날의 기억이 지금도 생생하다. 주말이었고 날씨도 좋았다. 아이들과 나들이 겸 대학교 도서관에 공부하러 간 길이었다. 도서관 꼭대기 층 작은 세미나실을 빌려 크루아상과 커피, 음료수를 책상에 펼쳐놓고 각자 노트북과 책을 펴고 한창 일을 하는 중에 전화가 걸려왔다. 병원이었다. 우리나라와 달리 미국에서는 태아의 성별을 알려주는 것이 불법이 아니므로 검사 전에 태아의 성별을 알기 원하는지 물었다. 나는 망설임 없이 그렇다고 답했고 그날은 결과를 통보받기로 약속한 날이었다.

대학 합격자 발표도 이처럼 긴장되지는 않았을 것이다. 간호사는 전화로 검사에 대한 간단한 브리핑을 한 뒤 마지막으로 "태아의 성별을 들을 준비가 됐느냐?"고 물었다. 곧이어

들려오는 한마디 "It's a boy!" 소리에 나는 도서관이라는 사실도 잊고 "Boy!"를 외치며 함성을 내질렀다. 곁에서 아무렇지 않은 척 숨 죽이고 있던 남편도 내 외마디 소리에 양손을 번쩍 들었고 아이들은 남동생이 생긴 게 왜 기쁜 일인지 잘 모르면서도 엄마 아빠를 따라 함박웃음을 지었다.

이렇게 딸 둘 아들 하나 엄마가 됐다. 주변 사람들은 노산으로 넝마가 된 나를 응원하듯 "딸 둘 아들 하나는 금메달 엄마"라며 추켜세웠다. 왜 그런 말이 있지 않나. 아들 둘은 목메달, 딸 하나 아들 하나는 동메달, 딸 둘은 은메달, 딸 둘 아들 하나는 금메달이라고.

더 이상 아들이 최고가 아닌 세태를 반영해 만들어진 유행어처럼 들리지만 어찌 보면 딸만 둘인 부모들을 위로하는 말처럼 느껴진다. 그게 아니라면 딸 둘이 금메달이지 굳이 아들 하나가 더 얹어질 이유가 없지 않나. 모르긴 해도 아직까지 대한민국에서는 '그래도 아들 하나는 있어야 한다'는 생각이 굳건히 뿌리내리고 있는 게 아닌가 싶다.

금메달이고 은메달이고 간에, 아들이 좋고 딸이 좋은 이유가 무엇인지 궁금하다. 자식들의 성별을 따지며 좋고 나쁘다 말하는 이유는 자식들에게 받을 공양을 계산하기 때문이다. 아들이 있어야 대를 잇고 제삿밥을 먹는다는 말은 옛이야기가 된 지 오래다. 아들이 부모를 모시는 세상도 아닐뿐더러 제사를 지내지 않는 집안도 많아졌다. 그렇게 되자 새삼 딸의 인기가 높아졌다. 이 역시 아들보다 딸이 부모를 더 살뜰히 살피고 봉양한다는, 철저히 자녀를 부모의 노후 보험쯤으로 생각하는 부모 중심의 사고에서 기인한 것일 테다.

굳이 아들 딸이 모두 있어 좋은 점을 찾자면 딸과 아들을 키울 때 느끼는 재미가 다르기 때문 정도가 아닐까 싶지만 그 또한 맞지 않는 얘기다. 딸이라고 해서 모두 아기자기한 성격에 애교 만점은 아닐 것이고 아들이 모두 듬직하다는 것도 고정관념이다. 올해 중학교 1학년인 큰딸은 쌍꺼풀 진 커다란 눈에 날씬한 몸집의 여자아이지만 살가운 성격은 결코 아니다. 그런가 하면 같은 나이의 옆집 아들은 우락부락한 외모에 덩치가 남산만 하지만 아직도 제 엄마 볼에 뽀뽀를 퍼부을 정도로 애교스럽고 다정하다.

딸이건 아들이건 자식의 성별로 우열을 가리는 건 어리석다. 자식이 또 없으면 어떠랴. 어차피 성인이 되면 각자의 인생을 찾아 떠날 존재들이다. 그때까지 부모가 해야 할 일은 아이들이 바른 생각과 건강한 몸을 가진 어른이 될 수 있도록 정성을 다해 보살펴주는 것이다. 성인이 된 아이들이 나이 든 부모를 위해 몸소 나서서 돕고 배려해준다면야 더없이 고마운 일이겠지만 자식에게 기대며 부담이 되는 존재가 되고 싶지는 않다. 마흔이 넘어 늦둥이를 얻은 덕분에 세 아이를 모두 키워내고 나면 예순이 훌쩍 넘을 것이다. 소박한 바람이 하나 있다면 그때도 지금과 같이 건강하고 열정이 넘쳐 인생 2막을 멋지게 살아낼 수 있었으면 좋겠다. 그래서 아들도 딸도 부모에 대한 걱정 없이 자신들의 인생을 일구어갈 수 있도록, 부디 그런 엄마가 됐으면 좋겠다.

남편 손에 들려오던 그 갈비탕

햄버거, 샌드위치, 아이스크림, 얼음물, 콜라. 이상은 아기를 낳고 만 하루 동안 병원에서 먹은 음식이다. 뜨끈한 소고기 미역국에 각종 나물, 흰쌀밥이 침대로 배달되는 우리나라 산부인과를 생각하면 정말 큰 차이이다.

아기가 산모의 배 속에서 나오면 탯줄을 자르고 몸무게를 잰 뒤 속싸개로 곱게 싸 신생아실로 데려가는 우리와 달리, 미국의 산부인과는 아기를 산모 침대 바로 옆 아기 침대에 놓고 간다. 산모는 아기를 낳은 그 순간부터 직접 돌봐야 하는 것이다. 처음에는 도무지 이해가 되지 않았는데 직접 해보니 생각

만큼 어렵지는 않았다. 일단 신생아는 대부분 오래 잠을 자고 모유를 먹이러 신생아실까지 이동하지 않아도 되니 나름 편하기도 했다.

다만 음식만은 도무지 적응이 되지 않았다. 미국 병원이니 미역국에 쌀밥을 기대하지는 않았지만 얼음물에 햄버거는 상식을 깨는 것이었다. 출산 후 삼칠일까지는 찬물도 마시지 못하게 하는 우리와 달리, 미국 병원에서는 직원들이 돌아다니며 큰 컵에 얼음물을 가득 채워준다. 시원한 물이 갈증 해소에는 좋았지만 앞선 두 번의 출산 경험에는 전혀 없었던 일이라 물을 들이켜면서도 이래도 괜찮을까, 내심 걱정이 됐다.

식사 역시 정해진 시간에 배식을 받는 것이 아니라 필요할 때 시키는 시스템이다. 식당에 전화를 걸면 직원이 올라와 직접 주문을 받는데 메뉴는 햄버거, 샌드위치, 샐러드가 전부였다. 거기에다 원하면 디저트로 아이스크림을 준단다. 얼음물에 아이스크림까지, 삼복더위에 애를 낳은 것도 아닌데 미국인들은 열이 많은가 싶다.

만 하루 동안 병원 신세를 지고 아기와 집으로 돌아오는 날 마음이 뭉클했다. 낯선 땅에서 새 생명을 낳은 스스로가 대견하고 뿌듯해서다. 무려 세 번째 출산이지만 새삼 부모가 됐다는 게 실감됐다. 집으로 돌아오니 두 딸이 달려와 새 식구를 맞아주었다. 이미 병원에서 한 차례 만나긴 했지만 집으로 온 막냇동생이 반갑고 신기한지 아이들은 연신 아기 얼굴을 쓰다듬었다.

아직 덜 아문 몸을 어기적어기적 끌며 이층 침실에 올라가 아기와 함께 자리를 잡았다. 남편은 우리를 집에 내려놓기 무섭게 바삐 집을 나섰다. 한인 식당에 미리 주문한 갈비탕을 가지러 가기 위해서였다.

"애 낳으면 원래 미역국 먹는 건데."

의아해하는 내게 남편은 말했다.

"미역국에는 요오드가 많아서 많이 먹으면 신장에 안 좋대. 갈비탕 먹어. 고기 먹어야지 영양이 보충되지."

미역국이든 갈비탕이든 무엇이라도 뜨끈한 국물이 고팠다. 모유가 잘 나오지 않는 건 전부 음식 때문인 것 같았다. 자고로 한국 사람은 한식을 먹어야 모유도 잘 나오고 몸도 잘 아물 것이었다. 한동안 갈비탕은 우리 식구의 주 메뉴가 됐다. 아이들은 식사 때마다 또 갈비탕이냐며 불만이었지만 다른 방도가 없었다. 남편이 요리에는 영 재주가 없어 사 먹는 것밖에는 도리가 없는 데다 미국 땅에서 한식을 찾으니 선택지가 많지 않았다. 나중에 안 사실이지만 갈비탕은 모유에 그다지 좋은 음식이 아니었다. 기름기가 많은 음식은 유선을 막고 모유의 질을 떨어뜨린다고 한다. 그래서인지 젖이 돌지 않아 꽤 고생을 했다.

음식은 사다 먹는 것으로 어느 정도 해결이 됐지만 산후조리는 언감생심 꿈꾸기 어려웠다. 늘어난 관절 마디마디 안 아픈 곳이 없고 상처 난 회음부는 더디게 아물었다. 그나마 뜨끈한 물로 좌욕을 하면 쓰라림이 덜했다. 큰아이를 낳고 2주간 머물렀던 산후조리원의 쑥뜸 좌욕기가 그리웠다. 조리원 선생님들이 미리 준비해준 좌욕기에 편안히 앉아 있으면 아래로 뜨끈한 수증기가 올라와 상처 난 회음부를 가라앉혀주었는데. 아마존에서 15달러에 산 플라스틱 좌변기는 변기 위에 걸쳐 쓰는 것이라 아무리 팔팔 끓는 물을 부어도 얼마 못 가 미지근하게 식어버렸다.

그래도 안 하는 것보다는 나았기에 하루에 두어 번씩 틈이 날 때마다 좌욕기로 상처를 소독하고 오로를 흘려 보냈다. 무릎 관절이 아파 앉았다 일어서는 것조차 쉽지 않았지만 코로나로 온라인 수업을 하는 두 딸과 갓난아기를 돌보기 위해 하루에도 몇 번씩 계단을 오르내려야 했다. 그나마 남편이 있어 다행이었다. 남편은 매일 밤 아기를 데리고 따로 자며 밤 동안 내가 충분히 잘 수 있도록 배려했다. 두 시간마다 일어나 아기에게 우유를 먹이는 수고는 직접 해보지 않고서는 상상하기 어렵다. 못 먹는 것 이상으로 부족한 잠은 사람을 지치게 한다. 남편 덕분에 그나마 밤에는 푹 쉬고 낮에는 아기를 돌볼 수 있었다.

갈비탕을 사러 한국 식당에 자주 간 덕에 단골이 돼 김치며 곁들임 반찬들을 넉넉히 얻을 수 있었다. 갈비탕 5인분이면 아기를 뺀 네 식구 하루 세 끼는 거뜬히 해결됐다. 한번은 아이 학교에서 알게 된 미국인 친구가 미트로프를 만들어오기도 했다. 타국에서 아기를 낳고 고군분투하고 있을 우리 가족이 걱정돼 손수 음식을 만들어온 것이다. 미트로프는 간 소고기와 채소를 동그랗게 빚어 구워낸 것으로 우리나라 동그랑땡과 비슷한데 조금 더 알이 굵고 크다. 정은 우리나라에만 있는 것이 아니었다. 친구가 만들어준 미트로프 덕분에 며칠 갈비탕 냄새에서 벗어날 수 있었다.

옛 어른들은 아기를 낳으면 삼칠일 동안 금실을 치고 산모의 외출이나 외부의 출입을 금했다 한다. 그만큼 출산 후 조리가 산모의 건강에 중요하다는 의미일 것이다. 예로부터 산모들은 뜨끈한 온돌방에서 푹 쉬고 잘 먹어야 젖도 잘 나오고 산후 질병을 막을 수 있다고 여겼다.

그렇게 따지면 미역국도 한 그릇 먹지 못한 엉터리 산후조리였지만 남의 도움 없이 우리 식구끼리 똘똘 뭉쳐 도우며 이 시기를 보낸 기억은 잊지 못할 추억이다. 매일 밤 아기 목욕 시간이 되면 딸들은 아기 욕조에 물을 받고 나는 아기를 안고 남편은 몸을 씻겼다. 가족이 함께 아기를 재우고, 먹이고, 목욕을 시킨 기억은 재미있는 추억으로 남았다. 열두 살, 여덟 살 두 딸아이의 머릿속에도 오래도록 선명하게 자리할 것이다.

막내를 낳고 지겹게 먹은 탓에 이제 갈비탕은 입에도 대기 싫을 만큼 물렸다. 아이들도 갈비탕이라면 도리도리 고개를 내젓는다. 미국산 소고기가 큼지막하게 들어 있고 국물맛이 달았던 갈비탕. 아주, 아주 가끔은 샌디에이고 한인 타운에서 팔던, 커다란 플라스틱 용기에 담겨 남편 손에 들려오던 그 갈비탕이 그립다.

젖소인가,
사람인가

나는 모유를 먹지 못했다. 외할머니의 뜻이었단다. 외할머니는 여섯 남매에게 줄줄이 젖을 먹이며 가슴이 온전히 남아나지 않았다. 한번은 아들에게 젖꼭지를 세게 물려 상처가 났다. 피가 뚝뚝 떨어지는데 약도 바르지 못하고 미처 아물 새 없이 또 젖을 물리느라 상처가 덧나 꽤 고생을 하셨단다. 나중에는 유두가 너덜너덜해져 모양만 간신히 갖추었다고 한다. 딸만큼은 당신 같은 고생을 시키고 싶지 않았던 그녀는 손녀가 태어나자 모유 대신 분유를 먹게 했다. 덕분에 나와 동생은 엄마 젖 대신 베지밀 반, 분유 반을 먹으며 컸다. 모유는 못 먹

었지만 남매 모두 평균 키를 훌쩍 웃도는 건장한 체격으로 자랐다.

'출산드라'였던가. 개그 콘서트의 한 코너에서 "자연분만, 모유수유!"를 외치는 풍만한 체형의 여자 개그맨이 인기를 끌었던 적이 있었다. 그저 웃어넘길 일이 아니라 언젠가부터 모유를 먹이지 않으면 죄를 짓는 것 같은 분위기가 됐다. 하지만 모유를 먹일 수 없는 사정이라는 것도 있다. 특히 직장에 다니며 모유를 먹이는 건 어려운 일이다.

나 역시 첫째와 둘째에게 분유를 먹였다. 3개월의 출산휴가 후 곧바로 출근을 했기에 어쩔 수 없는 선택이었다. 그렇다 해도 마음 한편에는 늘 미안한 마음이 있었다. 단 몇 개월이라도 젖을 물렸으면 좋았을 텐데. 그런 마음 때문이었을까. 셋째만큼은 모유를 먹이자는 계획을 세웠다. 급히 출근할 일도 없겠다, 모유수유를 해야 하는 이유는 많았다. 무엇보다 모유를 먹이면 분유 값을 아낄 수 있다. 계획에 없던 출산 덕분에 그렇지 않아도 지출이 컸다. 병원비는 물론이고 유모차며 카시트며, 큰아이 때 샀다가 더 이상 쓸 일이 없겠다 싶어 내다 버린 것을 모조리 다시 사들이느라 예상에 없던 큰돈이 나갔다. 모유는 공짜이니, 그나마 아기 밥값은 아낄 수 있을 터였다.

게다가 모유수유는 다이어트에 도움이 된다. 셋째를 임신

하고 10킬로그램 이상이 늘었다. 당뇨 덕에 식단 관리를 하느라 선방한 게 이 정도다. 첫째 둘째 때 각각 17킬로그램, 15킬로그램씩 늘어난 것에 비하면 약과지만 앞선 두 번의 출산 이후 살이 빠지지 않아 고생을 한 경험이 있어 적잖이 걱정이 됐다. 나이 많아 애 낳은 것도 힘든데 군살까지 덕지덕지 안고 있으면 우울할 게 뻔했다. 그런데 아기에게 모유를 먹이면 살이 많이 빠진단다. 모유수유에 드는 에너지 소비 때문이다. 실제로 모유를 먹이는 건 그 어떤 운동보다 강도가 높았다. 한 팔로 아기를 안고 나머지 팔로 아이에게 젖을 물리고 있자면 어깨가 빠질 듯 뻐근히 아파오며 땀이 줄줄 흘렀다. 혹여 아이가 불편할까 봐 젖을 물리는 몇십 분 동안은 꼼짝없이 같은 자세를 유지해야 하는데 두 시간마다 한 번씩 아기에게 젖을 물리다 보면 앓는 소리가 절로 나왔다. 거기에 아기가 모유를 통해 엄마의 영양분을 가져가니 당연히 살이 빠질 수밖에.

관건은 젖이 잘 나오느냐였다. 모유수유는 처음인 데다 방법도 잘 몰라 걱정이 됐다. 출산 전 병원에서 무료로 여는 모유수유 교실을 찾아 젖을 물리는 자세며 방법까지 자세히 배웠다. 선생님은 모유수유를 하는 동안 피해야 할 음식이나 젖이 잘 나오는 것을 돕는 마사지 등 다양한 정보를 가르쳐주셨다. 무엇보다 가장 중요한 건 젖을 자주 물리는 것이라고 했다. 아기에게 직접 물리는 방법이 가장 좋고, 유축기를 이용해 두 시간마다 한 번씩 젖을 짜야 한단다. 유축기는 보험회사에서 무료로 제공해주었다. 마치 소 젖을 짜는 기계처럼 생겼는데, 양쪽 가슴에 깔때기 모양의 펌프를 달고 기계의 스위치를 켜면 무시무시한 소리와 함께 흡착기가 펌프질을 하며 유방을 쥐어짠다. 나이 마흔 넘어, 셋째 덕분에 별걸 다 해본다 싶었다.

대망의 첫 수유 날. 떨리는 마음으로 아기 입에 유두를 물렸다. 아기는 누가 알려준 것도 아닌데 본능적으로 젖을 물고 힘차게 빨아댔다. 아! 모성애는 이렇게 시작되는구나 싶을 만큼 경이롭고 감동적인 경험이었다. 내 신체 한 부위를 마냥 내어주고 있는데도 부끄럽거나 아깝다는 생각 없이 충만함만 차올랐다. 하지만 모유는 생각처럼 잘 나오지 않았다. 모유 교실에서 알려준 대로 틈틈이 젖을 짜내고 마사지를 해도 차도가 없었다. 두 시간마다 가슴을 다 풀어헤치고 양쪽 유두에 깔때기를 꽂은 채 젖을 짜내고 있노라면 요샛말로 현타가 왔다. 아직 불룩한 배와 한껏 솟은 가슴을 내어놓고 젖병에 차오르는 하얀 액체를 보고 있노라면 도무지 젖소인지 사람인지 헷갈릴 정도였다. 더 웃긴 건 남편 앞에서도 아무렇지 않게 가슴을 드러낸 채 젖을 짜내고 있는 내 모습이었다. 부끄러움은 온데간데없고 그저 오늘은 우유가 얼마나 찰까 하는 생각뿐이었다.

여자가 엄마가 되는 순간, 유방은 더 이상 성적 상징이 아닌, 아기에게 영양분을 공급하는 도구로 변모한다. 남편 앞에서도 아무렇지 않게 가슴을 열어젖혀 젖을 짜내면서 '이제 우리는 진짜 가족이 됐구나' 생각했다. 함께 산 지 이미 십수 년, 욕망의 대상까지는 아니어도 가능한 한 오래 여자이고 싶었는데, 모든 게 와장창 깨지는 느낌이랄까.

원래도 큰 편은 아니었지만 세 번의 임신과 출산으로 부풀고 빠지기를 반복하며 어느새 축 처진 가슴 두 쪽을 내려다보며 한숨을 짓는다. 모양은 미워졌대도 쓸모는 여전하기 바랐는데. 이것도 나이 탓인가 싶어 괜스레 서글퍼졌다. 결국 아기에게는 부족한 모유 대신 분유를 먹였다. 이번에도 모유수유는 실패였다. 그래도 시도는 해볼 수 있어서 다행이었다.

비록 세 번의 출산으로 몸뚱이는 여기저기 망가지고 비루해졌지만 아기의 존재에 비할 수는 없을 것이다. 내 인생에 셋째는 생각조차 해본 적 없는 옵션이었는데, 젖을 쪽쪽 빨아대는 아기가 품 안에 있으니 그제야 이 아이가 우리의 새 식구라는 게 실감됐다. 이 아이는 또 내게 어떤 경험과 기쁨을 가져다줄까. 새삼 또 다시 엄마로 태어나는 기분이다.

코로나 베이비와 지능 발달

막내는 코로나 베이비다. 2020년 1월에 태어났는데, 중국에 이어 우리나라에 코로나 이슈가 불거질 무렵이었다. 당시 우리 가족은 미국에 머물고 있었기 때문에 코로나는 마치 남의 이야기 같았지만 웬걸, 아이가 태어날 무렵 미국에도 팬데믹이 덮쳤다. 미국의 코로나 전염 속도는 한국을 능가하는 것이어서 매일같이 시체가 짐짝처럼 실려 나가는 광경이 뉴스를 통해 보도됐다. 그나마 약간의 차이로 일찍 아이를 낳은 것이 다행스러우면서도 매달 소아과 진료 때마다 혹시나 하는 걱정으로 불안에 떨어야 했다.

2020년 8월, 생후 6개월 된 아기를 포함한 우리 다섯 식구는 한국으로 귀국했다. 미국도, 한국도, 전 세계가 코로나에 점령당한 때였다. 귀국하던 날의 LA공항이 지금도 생생하다. 그토록 고요한 공항은 난생처음이었다. 마치 지구 종말이라도 온 듯 곳곳이 텅 비어 입을 뗄 때마다 메아리가 울릴 지경이었다. 기내 역시 승객의 수를 셀 수 있을 만큼 한산했다. 덕분에 이코노미석에 앉아서도 비즈니스석에 탄 양 비어 있는 옆 자리로 다리를 길게 뻗어 잠을 청할 수 있었다.

귀국 후 상황은 더욱 심각해졌다. 감염을 막기 위해서는 마스크를 쓰는 수밖에 도리가 없었는데 갓난아기를 둔 엄마들은 꼼짝없이 방 안에 갇힌 신세였다. 사람들이 많이 모이는 마트 쇼핑은 시도하기도 어려웠다. 그나마 쿠팡과 배달의 민족 같은 배송 서비스 업체가 있어 다행이었다. 우유, 기저귀 등 대부분의 생필품은 인터넷으로 주문하고 외식도 주문 앱을 이용했다. 커피 한 잔도 배달이 된다는 게 신기하고 고마울 지경이었다.

그렇게 만 2년을 세상과 담을 쌓고 살았다. 다른 때 같았으면 주말마다 공원, 유원지로 신나게 다녔겠지만 아기가 있어 모든 게 조심스러웠다. 맞벌이 등의 이유로 어쩔 수 없이 어린이집에 아기를 맡겨야 하는 부모들은 더욱 맘을 졸였을 것이다. 언제 어디에서 집단감염이 나올지 모르는 살얼음판 같은 나날 속에 하루하루를 버티어내듯 지냈을 게 아닌가.

이런 가운데, 세상과 담을 쌓고 상호 교감 없이 자란 '코로나 베이비'의 지능지수(IQ)가 이전에 태어난 아이들보다 낮다는 연구 결과가 나왔단다. 미국 브라운대학의 연구에 따르면 팬데믹 이전에 태어난 3개월~3세 영아의 평균 IQ는 100점 내외였지만, 코로나 시대 태어난 아이들의 평균 IQ는 78점에 그쳤다고 한다. 연구팀은 아이가 태어나고 생후 몇 년간은 인지발달에 매우 중요한 시기인데 코로나19로 인해 보육원, 학교 등이 문을 닫고 부모들이 재택근무 탓에 일과 육아를 병행하면서 아이들이 받는 자극이 크게 떨어졌기 때문이라고 분석했다.

비슷한 연구는 또 있다. 미국 컬럼비아대학에서도 팬데믹에 태어난 아이들이 다른 아이들보다 사회성과 운동능력 발달이 약간 더디다는 연구 결과를 미국 의사협회저널 〈소아과학(JAMA Pediatrics)〉에 발표했다. 다행인 것은 실험한 산모 가운데 거의 절반이 임신 중 코로나에 감염됐지만 이것이 아이의 발달에 영향을 미치지는 않았다는 것이다. 결국 코로나 바이러스 감염으로 인한 것보다 코로나 자체로 인한 스트레스가 아이의 발달에 더 큰 영향을 미쳤다는 얘기다.

언어 발달 역시 코로나의 영향을 받는다. 코로나가 유행한 이후 어린이집 같은 대부분의 보육 시설에서 모두가 마스크를 쓰고 있기 때문에 아이들은 교사의 입 모양을 볼 수 없다. 전문가들은 이 시기 태어난 아이들이 마스크로 인해 언어 발달 지연을 겪는 비율이 클 수밖에 없다고 분석한다.

그렇다면 코로나 베이비들의 지능 저하 문제는 어떻게 해결하면 좋을까? 《삐뽀삐뽀 소아과》의 저자이자 소아과 전문의 하정훈 선생님은 그의 유튜브 채널에서 아이의 지능이 떨어지는 것은 언어 발달과 밀접한 관계가 있다고 말했다. 사회적 거리 두기로 이웃 간의 모임 등이 줄어들면서 아이들이 어른들의 일상 대화에 노출되지 못해 언어중추 발달이 저하됐다는 것이다. 그는 이를 해결하기 위해 부모들이 아이와 함께 가정과 이웃, 친구들과 보내는 시간을 늘려야 한다고 조언했다. 아이들은 어른들의 대화를 듣는 것으로 화용언어(상대방의 의도를 제대로 이해하고 소통하는 것) 능력을 키울 수 있는데, 이는 공부하는 두뇌 발달과 직접적 관련이 있어 더욱 중요하다. 화용언어를 키우기 위해서는 부모가 아이에게 하는 일방적 언어자극이나 책을 읽어주는 것으로는 한계가 있으며 어른들의 일상 대화에 최소 하루 여섯 시간 이상 노출됐을 때 발달된다고 한다.

지난 2년 동안 대부분의 시간을 아이와 나, 단 둘이 집 안에서만 보냈다. 큰 아이들은 온라인 수업 하느라 각자 방에 있는 시간이 대부분이었고 저녁에 퇴근한 남편도 고작 한두 시간 함께 있는 게 전부였다. 어느 날은 온종일 누구와도 대화하지 않고 퇴근한 남편에게 겨우 첫마디를 떼는 일도 있었다. 그러다 보니 막내 역시 어른들의 대화에 노출될 기회가 거의 없다시피 했는데 이것이 언어 지연으로, 지능 저하로 이어질 수 있다니 덜컥 걱정이 됐다.

사회적 거리 두기가 해제되고 일상으로 돌아가면 아이와 함께 만날 수 있는 친구들을 만들어야 하는 숙제가 생겼다. 막내 또래 엄마들과 친해지려면 어디로 가야 하나 막막하기도 하지만 아이 지능을 높이는 데 엄마의 사회생활이 중요하다면 노력하는 수밖에 도리가 없다.

어디 저와 놀아줄 애기 엄마 어디 없나요? 분당에 사는 분, 제가 커피 살게요. 연락주세요!

선물하실 거죠?

오처럼의 백화점 나들이었다. 겨우내 집에서 아이와 한 몸처럼 지내다 드디어 날이 풀려 집을 나섰다. 13개월이 된 아이는 아직 마스크 쓰기를 배우지 못했다. 올봄에는 마스크 없는 세상이 올 줄 알았는데 오산이었다. 백화점처럼 사람이 붐비는 곳은 마스크를 쓰지 못하는 아이와 함께 가기가 꺼림칙해 친정에 맡기고 가볍게 나선 참이었다.

간절기에 필요한 막내 패딩 조끼, 큰아이 학교 갈 때 신을 스타킹, 둘째 아이 실내화 주머니, 그러고 보니 남편이 입을 만한 외투도 한 벌 필요했다. 칭얼대는 아기도 없겠다, 한결

가벼운 발걸음으로 여유 있게 이곳저곳을 누볐다. 얼추 필요한 물건을 사고 유아복 매장에 들렀다. 옷을 뒤적이는데 매장 직원이 다가와 말을 걸었다.

"몇 개월 아기 거 보세요?"

"이제 돌 지난 아이용이요. 95 정도 입으면 되겠죠?"

"선물하실 거죠?"

점원은 당연히 선물용 아기 옷을 산다고 생각한 것 같았다. 그도 그럴 것이 아무리 마스크를 쓰고 있다 해도 풍채로 보나 분위기로 보나 돌쟁이 엄마로는 보이지 않을 것이었다.

"아니요, 우리 아들 입히려고요."

"아, 네네, 돌 아기 옷은 이쪽에 있습니다."

점원은 잠시 당혹스러운 미소를 띠었다가 이내 감추며 응대했다. 나는 괜히 쑥쓰러워져서 옷을 보는 둥 마는 둥 하다가 매장을 나왔다. 그리고 그 옆 매장에 들어가는데 점원이 또 달려와 물었다.

"어서오세요, 손님. 몇 살 아기 거 보세요? 선물하시게요?"

어쩌다 한 번이면 그러려니 할 텐데, 들어서는 곳마다 똑같은 질문부터 해대니 점점 대답하기가 멋쩍었다. 차라리 선물용이라고 할걸 그랬나 보다. 그러면 물어본 사람들도 민망하지 않았을 텐데.

“제가 늦둥이를 낳아서요. 하도 오랜만에 애를 낳았더니 아기 옷 치수를 뭘 사야 할지 기억이 하나도 안 나네요, 하하.”

아니, 누가 물어나 봤나? 요샛말로 TMI(Too Much Information)다. 누가 뭐라 하지도 않는데 괜히 어색하게 웃으며 ‘안물안궁’ 가족 관계를 줄줄 읊었다.

“아, 그렇군요. 요즘은 늦게 아이 낳는 분들이 많으셔서, 저희도 좀 헷갈릴 때가 있기는 해요, 호호.”

점원은 미안했는지 연신 미소를 지으며 과잉 친절을 베풀었다.

늦깎이 부모가 되면서 우리 부부에게는 새로운 버릇 하나가 생겼다. 미래의 어느 시점을 이야기할 때마다 막내와 우리 나이를 계산하는 습관이다. 큰아이의 대학 입시에 대해 이야기를 할 때면 “가만 보자, 솔이가 대학에 입학하면 산이가 몇 살이지? 산이는 여덟 살, 나는 쉰, 당신은 쉰 넷이네?” 하는 식이다. 흔히 ‘나이는 숫자에 불과하다’지만 나이 때문에 좌절하는 경우는 적지 않다. 취업이나 결혼이 그렇다. 나이가 별게 아니라면 ‘적령기’라는 단어가 왜 있겠나.

그럼에도 불구하고 지금도 세상에는 나이의 한계를 넘어 원하는 바를 이루는 멋진 이들이 존재한다. 스포츠계에는 노령에 가까운 쉰의 나이에 2022년 베이징 올림픽에 출전해 좋은 성적을 낸 독일의 여자 스피드스케이팅 선수 클라우디아 페히슈타인이 있고 예술계에는 여든한 살의 나이에 시작한 그림으로 백 살이 넘도록 화가로서 명성을 남긴 해리 리버만이 대표적이다. 나이라는 한계를 벗고 세상에 도전해 뒤늦게 꿈을 이룬 이들은 우리 주변에서도 심심치 않게 찾을 수 있다. 초중고 검정고시를 거쳐 세 번째 대학수학능력시험에 도전해 2021년 대학 신입생이 된 82세 박선민 할머니, 65세에 모델로 데뷔해 흰 수염을 휘날리며 서울 패션위크 런웨이를 당당히 누비는 모델 김칠두 씨 역시 엄숙한 연령주의를 깨부수고 자신의 꿈을 찾아 가치 있는 삶을 사는 이들이다.

늦은 나이에 셋째를 얻으며 스스로를 응원하고자 시작한 이야기가 너무 거창해졌다. 결론은 나이라는 숫자에 얽매여 주저하고 걱정만 하는, 늙고 뒤처진 엄마는 되지 않겠다는 다짐이다. 비록 피부는 늙고 주름지겠지만 마음만은 팽팽하고 탄력 넘치는 엄마가 되고 싶다. 과거에 갇혀 '라떼는'을 주창하고 보살핌을 바라는 노인이 아니라 어떤 주제에도 자유롭게 토론하고 티키타카가 되는, 소위 대화가 되는 사람, 그런 엄마가 되고 싶다.

오십견이라고요?

필라테스를 배운 적이 있다. 개인 레슨은 고가라 한 타임에 여섯 명이 함께하는 그룹 수업을 들었는데 혼자만 따라가지 못하고 뒤처져 수업 때마다 민망했던 기억이 난다. 꾸준히 하면 좀 나아질까 싶어 3개월 동안 매주 두 번씩 꼬박꼬박 열심히 다녔는데, 도무지 늘지도 않고 다른 사람에게 민폐만 끼치는 것 같아 그만뒀다. 이렇듯 뻣뻣하고 둔한 몸에 도무지 유연성과는 거리가 멀다 해도 지금껏 사는 데는 별 어려움이 없었다. 일 년에 한두 차례 감기를 앓거나 만성위염으로 소화제를 달고 살았지만 비교적 건강한 편이었다.

그런데 둘째를 낳고 얼마 지나지 않아 병원 신세를 지고 말았다. '두개강내저압'이라는 이름도 희귀한 병이었는데 척수막이 찢어져 뇌척수액이 새는 질병이다. 척수막이 붙을 동안 꼼짝없이 누워 있어야 했기 때문에 거의 한 달 동안 병원 신세를 졌다. 대부분의 질병이 그러하듯 스트레스와 과로가 원인인 이 골치 아픈 녀석 때문에 한동안 가족 모두 고생을 했다. 아무래도 둘째를 낳은 뒤 충분히 쉬지 못하고 회사에 복직한 것이 원인이 아니었나 싶다.

출산은 산모의 목숨을 담보로 한다. 엄마도, 누나도, 이모도, 여자라면 다들 한 번씩 겪는 일이니 별것 아니라고 생각할 수 있지만 천만의 말씀이다. 배 속에 생명을 키워 내보내는 일은 수많은 위험을 감수해야 한다. 실제로 많은 여성이 임신과 출산으로 병을 얻거나 생을 마감한다. 우리나라 모성사망률(특정 연도의 가임 여성 10만 명에 대해 해당 연도에 출산 때문에 발생하는 여성 사망자 수)은 여성 10만 명당 9.9명으로 낮은 편이지만 아직도 아프가니스탄 등 일부 나라에서는 모성사망률이 천 명을 훌쩍 넘는다(2019년 국가승인통계 제101054호). 지금처럼 의학이 발달하기 전은 말할 것도 없다. 조선시대 양반집 여성의 약 60%는 완경 이전에 사망했는데 상당수는 임신, 출산 관련 질병이었다고 한다.

늦은 나이의 출산은 다양한 후유증을 가져왔는데 가장 불편한 것이 어깨 통증이다. 양팔을 어깨 위로 올릴 수 없게 된 것이다. 처음에는 오른쪽만 문제였는데 어느새 왼쪽까지 못 쓰게 됐다. 두 팔이 제대로 작동하지 않으니 여간 불편한 게 아니었다. 선반 위 접시를 꺼내는 일부터 머리를 감는 일, 혼자 외투를 입거나 아기를 들어 올리는 일까지 팔의 쓰임이 이토록 다양하다니 새삼 놀라웠다. 평소 한쪽으로 누워 자는 버릇이 있었는데 어느 순간부터 깔린 쪽 팔이 아파 잠에서 깨는 일이 잦아졌다. 약국에서 통증에 효과가 있다는 파스를 사서 어깨 전체에 덕지덕지 붙여보기도 하고 강력 진통소염제를 먹어봐도 소용이 없어 결국 병원을 찾았다.

"오십견이네요."

의사 선생님이 비장한 표정으로 말했다.

"흔히 오십견이라고 부르지만, 50대만 겪는 질병은 아니에요. 출산 후 팔을 많이 써서 그런 것 같은데 일단 주사 치료부터 해봅시다."

오십견이라니! 오십견은 엄마 나이의 어른들만 겪는 것으로 알았는데. 이것도 노산 탓인가 아니면 타국에서 애를 낳느라 산후조리를 제대로 못 해 그런가. 그럼 앞으로 평생 이렇게 살아야 하는 건가, 덜컥 두려워 선생님께 물었다.

"선생님, 그럼 주사를 맞으면 고칠 수는 있나요?"

"주사를 맞는 건 일시적으로 통증을 줄여주기 위해서지 근본적인 치료는 될 수 없어요. 스트레칭이 제일 중요합니다. 집에서 꾸준하게 운동을 하셔야 해요."

팔도 안 올라가는 마당에 운동이라. 어쨌든 주사 치료를 받아보기로 했다. 통증 부위에 주사액이 들어가는 몇 초간 뻐근한 통증에 악 소리가 나왔지만 애 낳는 것에 비할까. 이를 악물었다. 신통하게도 주사를 맞고 얼마간은 통증이 줄었다. 비록 예전처럼 팔을 움직일 수 있는 건 아니었지만 아프지 않으니 살 것 같았다.

증상이 시작되고 1년 반이 지난 요즘, 이제는 주사를 맞지 않아도 어느 정도 생활이 가능해졌다. 물론 여전히 어깨 위로는 팔을 올릴 수 없어 집 안 곳곳에 2단 사다리를 놓고 산다. 큰 키 덕분에 어지간한 높이의 물건은 도움닫기 없이도 척척 꺼내 쓰곤 했는데.

출산 후 축 늘어진 뱃살을 보거나 제 기능을 못 하는 팔을 쓸 때마다 아무 희생 없이 애를 셋이나 얻은 남편이 부러웠다. 이브가 따 먹은 선악과의 대가가 과연 인류 대대로 여성을 괴롭힐 정도로 중한 죄였나. 그러나 어쩌겠는가. 출산은 여성만이 가진 특권임과 동시에 족쇄인 것을. 우리 딸들은 부디 몸의 어느 부분도 고장 나지 않고, 말끔하고 산뜻하게 엄마가 될 수 있었으면 좋겠다. 딸들이 엄마가 될 즈음이면, 고통 없이 상처 없이 애를 낳을 수 있도록 출산의 과정도 부디 '진화'되기를 바란다.

나의 아픔은 두 번째

속병은 내 고질병이다. 고3 때부터였나, 시험 때만 되면 위병으로 병원에 다녀야 했다. 밥을 먹고 나면 속이 아프고 쓰리고 헛구역질이 났다. 의사 선생님은 모든 게 스트레스 때문이라며 마음을 편히 가지는 게 중요하다고 했다. 공부도 안 하면서 스트레스만 받았던 모양이다.

대학을 졸업하고 사회인이 되고 결혼을 한 후에도 속병은 수시로 찾아왔다 떠나기를 반복했다. 정신적, 육체적으로 신경 쓸 일이 생기면 어김없이 속이 뒤틀리고 아팠다. 속병이 잠잠했던 건 지난 2년 간 미국에 머물렀을 때가 유일하다. 시계

알람이 아닌 반짝이는 아침 햇살을 받으며 눈을 뜨고 꽉 막힌 도로가 아닌 탁 트인 바닷가를 산책하고 그림 같은 노을을 보며 잠들던 그 시절. 걱정도 고민도 없이 보낸 그 시간 동안은 위병이고 아랫병이고 도질 새가 없었다.

한국으로 돌아와 독박 코로나 육아를 시작하자 만성위궤양이 재발했다. 늦은 밤과 아침 공복이면 속쓰림이 더욱 심했다. 밀가루나 카페인을 과하게 먹은 날이면 밤잠을 이루지 못하고 침대에서 뒤척이기를 여러 번, 참다못해 다시 약을 먹기 시작했다.

그래도 생각했다. 아이가 건강한 게 어디냐고. 엄마로서 아이가 아픈 것만큼 괴로운 일은 없다. 큰 아이들이 막둥이만 할 무렵 한두 차례 고열에 시달렸던 걸 생각하면 아무 일 없이 평온하게 지나가는 게 그저 감사할 따름이었다. 그런데 지난 주말부터 아이 상태가 심상치 않았다. 평소 밖에 나가면 저 혼자 신이 나서 여기저기 쏘다니기 바쁜 아이가 어쩐 일인지 자꾸만 길가에 주저앉으며 보챘다. 결국 그날 밤부터 열이 오르기 시작해 39도를 훌쩍 넘겼다.

시기가 시기인지라 덜컥 겁부터 났다. 아이는 아직 마스크를 쓰지 못한다. 아무리 연습을 시켜도 이내 벗어버리고 말기에 그냥 두었다. 어차피 거의 집에만 머무르는 데다, 아이 얼굴의 반을 가리는 마스크를 덮는 일이 잔인하게 느껴졌기 때문이다. 의사 선생님도 두 돌 전 아기는 질식의 위험이 있기 때문에 마스크를 씌우지 않는 편이 낫다고 했다. 혹시나 싶었다. 아이와 동선이 같은 나는 둘째 치고, 다른 식구들도 최대한 조심하고 있다지만 알 수 없지 않나. 혹시 코로나에 걸린 것이면 어쩌나 밤새 전전긍긍하느라 원래도 쓰리던 속이 꺼멓게 타들어갔다.

걱정과 불안 속에 주말이 지나고 월요일, 날이 밝는 대로 집 근처 소아과를 찾았다. 영유아는 열이 있어도 받아주는 게 다행이었다. 취학 후 아이들은 열이 있으면 코로나 검사를 거쳐야 병원 진료를 볼 수 있다고 했다. 소아과 선생님은 아이의 이곳저곳을 진찰하더니 고열의 원인을 '돌 발진'으로 진단했다. 돌 발진은 돌부터 두 돌 사이에 한두 차례 찾아오는 질병으로 일종의 '성장통' 같은 거란다. 대개 사흘에서 닷새 사이에 저절로 낫는다며 그동안 해열제를 네 시간마다 먹이면서 경과를 지켜보자고 했다.

열이 시작한 지 정확히 사흘째 되는 날 아침, 아이는 신기하게도 씻은 듯이 열을 떨쳐내고 컨디션을 회복했다. 아직 몸에 열꽃은 보이지 않았는데 이는 보통 열이 떨어진 뒤 12시간에서 24시간 안에 나타나는 게 일반적이라고 했다. 다행이었다. 흔한 병이라 해도 애가 아픈 모습을 보는 건 못할 짓이다.

신기한 건 아이가 고열로 시름하던 사흘 동안 위통을 전혀 느끼지 못했다는 사실이다. 요즘 증상이 더 심해져 아침저녁으로 배를 움켜쥔 채 뒤척이던 것에 비하면 놀라운 일이었다. 아이의 아픔에 공감하느라 내 통증 따위는 느낄 새가 없었던 모양이다. 지난 토요일 밤부터 사흘 동안 아이의 뜨거운 몸을 미지근한 수건으로 적셔 닦아내며 꼬박 밤을 새웠음에도 속쓰림을 느끼지 않았다니. 새삼 나도 모성이 있는 엄마라는 사실이 겸연쩍다.

재미있는 건 아이의 열이 내려감과 동시에 나의 속쓰림이 시작됐다는 것이다. 거짓말 같지만 정말이다. 열이 내려 평온한 얼굴로 오침에 든 아이 곁에서 글을 쓰는 지금, 명치 바로 아래가 답답하고 쓰린 것이 꼭 요맘때 증상이다. 주먹을 말아 가슴을 툭툭 치고 끅끅 트림을 올려봐도 매한가지다. 워낙 오랜 병이라 약도 듣지 않는 건지, 그렇다고 아이 보고 다시 아프라고 할 수도 없는 노릇이고, 참 희한한 일이다.

뜨거운 물을 한잔 내려 차를 마시며 속을 다스려본다. 아이가 잠에서 깨면 다시 전쟁 같은 하루가 기다리고 있기에 지금이 아니면 쉴 틈이 없다. 다시 한번 느끼지만, 내가 건강해야 아이도 잘 돌볼 수 있다. 모름지기 최선을 다해 건강해야 한다.

셋째는 대충 키우지 뭐

막둥이는 수면 습관이 좋은 편이다. 아기가 잠을 안 자는 것만큼 괴로운 게 없는데, 잠버릇만 보면 효자가 따로 없다. 태어났을 때부터 안아서 재우지 않고 눕혀서 재운 덕이 아닌가 한다. 딱히 큰 그림이 있었던 것은 아니고 그저 팔이 아파 아이를 안아줄 수 없었던 것뿐인데 결과적으로 잘된 일이 됐다.

그래도 세 번째라고 나름 터득한 육아법이 있다면 아기가 잘 때 일정한 루틴을 만드는 것이다. 이를테면 매일 밤 같은 시간에 불을 끄고 잘 분위기를 만든 다음 아이 옆에 눕는다. 그런 다음 애착 이불을 덮어주고 등을 쓰다듬어주면 아이는 얼마 지나지 않아 잠이 든다. 어떻게 그럴 수 있느냐고? 나도 삼세번 만에 이룬 성과가 아니니 너무 부러워 마시라. 딸들은 안으면 잠이 들고 내려놓으면 깨어버리는, 소위 '등에 센서가 달린 아이'였다. 덕분에 제법 커서까지 안아서 재우느라 등허리, 어깨, 팔이 남아나지 않았다.

물론 막내에게도 나쁜 버릇은 있다. 바로 엄지손가락을 빠는 것이다. 공갈 젖꼭지도 물려보고 치발기도 줬지만 모두 실패했다. 덕분에 아이의 왼쪽 엄지손가락에는 굳은살이 보기 싫게 돋아나 있어 볼 때마다 내 손가락이 쓰린 듯 안타깝다. 언젠가는 손가락에 염증이 생겨 주사로 찔러 고름을 빼낸 적도 있다. 하도 손을 빨다 보니 치열에도 문제가 생겨 벌써부터 앞니가 앞쪽으로 뻗어 나온다. 손 빠는 버릇은 젖니뿐 아니라 영구치 치열에도 영향을 미친다고 하니 심히 걱정스럽다.

손 빠는 버릇을 고치고 싶어 전문의에게 자문도 구해보고 인터넷도 찾아봤지만 뾰족한 방도를 찾을 수 없었다. 아이가 손가락을 빨 때 관심을 돌릴 만한 것을 찾아주라는 게 주된 의견이었다. 그래서 아이가 손을 빨 때마다 유튜브를 틀어주기 시작했다. 역시 효과가 있었다. 영상을 보는 동안은 정신이 팔려 손 빠는 것을 멈춘 것이다. 문제는 유튜브에 중독됐다는 것. 혹 떼려다 혹 붙인 셈이다.

막내가 가장 좋아하는 영상은 아기 상어다. "아기 상어, 뚜르르뚜르, 귀여운 뚜르르뚜르, 바닷속 뚜르르뚜르, 아기상어!" 중독적인 후렴구가 반복되는 음악이 들려오면 아이는 어디에 있든, 무슨 일을 하던 금세 하던 일을 멈추고 화면 속으로 빨려들어간다. 어느 틈에 나 역시 아이에게 유튜브를 틀어주는 것이 습관이 돼버렸다. 아이에게 방해받지 않고 해야 할 일이 있거나, 하다못해 잠시 침대에 누워 쉬고 싶을 때면 유튜브를 찾았다. 이래도 되나, 죄책감이 밀려왔지만 당장 몸이 편하고 싶은 생각에 쉬운 방법을 택한 것이다.

'큰 애들도 다 비디오 보면서 컸는데 뭐. 지금 아무 문제도 없잖아. 그냥 편하게 대충 키우자.'

걱정스러운 마음이 들 때면 이렇게 생각하며 위안 삼기를 여러 차례, 그러나 시간이 지날수록 유튜브를 보는 시간이 점점 늘어나면서 그냥 둬도 괜찮을까 싶은 생각이 든다.

아이들이 일찍 미디어에 노출되면 좋지 않은 영향을 준다. 한 연구 결과에 따르면 만 2세 이전에 동영상에 노출된 아이들은 언어장애 등 발달장애를 겪을 가능성이 높다고 한다(한림대 동탄성심병원 소아과 연구, 2019년). 너무 어린 나이에 영상을 시청하면 부모와의 상호작용 시간을 잃게 되고 창의적으로 노는 방법을 찾기 어렵기 때문이다.

결국 주 양육자인 엄마가 다소 귀찮더라도 아이와 가능한 한 많은 시간을 놀아줘야 한다. 큰아이 때는 소꿉놀이도 블록 쌓기도, 심지어 야외 놀이도 틈 나는 대로 열심히 했던 것 같은데 세 번째라 그런가, 늙어서(?) 그런가 아이와 놀아주는 것도 쉽지 않다. 얼마 전에는 아이와 놀이터에 갔다가 체력의 한계를 느끼고 좌절한 일이 있었다. 아이가 아직 미끄럼틀 계단을 오르내리기 어려워 보여 아이를 번쩍 들어 미끄럼대에 앉혔더니 거짓말 조금 보태 백 번이 넘도록 태워달라 조르는 게 아닌가. 몇 번은 젖 먹던 힘을 모아 아이 겨드랑이 사이에 손을 넣어 번쩍 앉혀줬는데, 결국 어깻죽지부터 손목까지 시큰거려 더는 태워줄 수가 없었다. 아이는 엄마가 힘들거나 말거나 더 타겠다고 "또! 또!" 하며 조르는데 여간 난감한 게 아니었다. 결국 15킬로그램이 넘는 아이를 들고 내리기를 반복하고 나니 다음 날 몸살이 오고 말았다. 그날 이후로는 놀이터에 가는 게 두려워 가까운 길도 놀이터 너머로 돌아가고 있다.

아이와 놀아주는 것도 체력이 필요하다. 얼마 전 친구 하나가 요즘 중학생 아들과 농구를 하느라 골병이 들었다면서 툴툴대던데, 막내가 중학생이 될 때면 가만 보자…. 내 나이 쉰하고도 여섯, 남편은 예순. 환갑의 나이에 아이와 농구를 하려면 일단 놀이터 체력부터 길러야겠다.

말이 늦는 아이, 자폐일까?

요즘 육아 예능이 대세다. TV에 나오는 남의 집 애들은 어쩜 그리 예쁘고 말도 잘하는지. 물론 편집 기술을 통해 어느 정도 보기 좋게 포장된 것임을 감안하더라도 순수하고 사랑스러운 아이들을 보고 있자면 마음이 정화되는 것만 같다. 특히 가수 장윤정 씨의 딸 하영이는 어찌나 똑똑하고 귀여운지. 어느 날 TV에 나오는 하영이의 모습을 보다가 문득 '아니, 두 돌밖에 안 된 애가 저렇게 말을 잘하는데 우리 애는 왜 이 모양이지' 하는 생각이 들었다. 아빠의 질문에 꼬박꼬박 대답하는 화면 속 하영이의 모습과 아무 생각 없이 바닥에 드러누워 손을 빼는 막내가 오버랩되면서 불안해지기 시작한 것이다.

딸들 모두 말이 늦은 편이었다. 특히 큰아이는 두 돌이 될 때까지 엄마, 할머니, 물, 우유 같은 단어 정도만 말할 수 있었고 세 돌이 거의 다 돼서야 겨우 두 단어를 조합한 문장을 구사하기 시작했다. 당시 아이가 또래보다 말이 늦어 걱정했던 기억이 생생하다. 다른 아이들은 저만큼 앞서 나가는데 내 아이만 뒤에서 헤매는 것만 같았다.

"괜찮아, 때 되면 다 잘하게 돼 있어. 걱정할 것 하나 없어."

엄마는 조급해하는 나를 다독이며 말씀하셨다. 운동신경도, 소근육 발달도 별 문제가 없는 데다가 아이들과도 잘 어울리는데 유독 말이 늦는 이유를 알 수 없어 답답하기만 했다. 마음 졸이기를 몇 개월, 아이는 세 돌이 지나자 급격히 말이 늘기 시작했고 또래 수준을 금세 따라잡아 걱정을 기우로 만들었다. 경험보다 좋은 선생이 없다고 둘째는 말이나 행동이 다소 늦되더라도 기다릴 줄 아는 여유가 생겼다.

이젠 셋째가 문제다. 애가 많다 보니 근심, 걱정도 그만큼 늘어난다. 막내는 두 돌이 지나도록 문장으로 말을 잇지 못하고 있다. 할 줄 아는 단어는 꽤 되는데, 그나마 발음이 정확치 않아서 엄마인 나만 알아듣는 경우가 많다. 앞선 경험들이 너무 예전이라 그런가 아이마다 발달 속도가 다르다는 걸 알고 있음에도 불구하고 아침마다 '오늘은 어째 말 좀 하려나' 하는 기대로 하루를 시작한다.

큰아이를 키울 때만 해도 발달 검사나 소아정신과 진료에 대해 터부시하는 경향이 있었다. 아이가 이상행동을 보이거나 발달이 지나치게 늦어 병원에 가보려고 하면 주위에서 '극성 엄마'로 생각하는 게 보통이었다. 그러나 10년 사이 부모들의 생각과 사회적 시선이 크게 바뀌었다. 요즘 부모들은 자신의 아이가 상식선과 다른 행동을 보이거나 또래에 비해 지나치게 발달이 더딜 경우 병원을 찾아 원인을 진단하고 치료하는 등 적극적이다.

특히 요즘은 '자폐'에 대한 부모들의 관심이 높은 것 같다. 자폐 아동의 수는 최근 노령 출산이 늘어나고 환경 오염 등 다른 요인들까지 더해져 우리나라뿐 아니라 세계적으로 높아지는 추세라고 한다. 나 역시 늦게 아이를 출산한 데다 아이가 말이 늦어지자 마냥 두고볼 수만은 없다는 생각이 들었다. 병원에 가기 전에 유튜브를 통해 전문가의 의견을 찾았다. 요즘은 유튜브에 관련 자료가 많아 병원을 찾기 전에 어느 정도 아이에 대해 진단이 가능하다. 전문가 의견을 정리하면 말이 늦는 단순 언어 지연과 자폐를 구분하기 위해서는 다음 세 가지를 살펴볼 필요가 있다.

첫째, 사회적 상호작용이 원활한가? 상호작용의 대표적 예는 눈맞춤이다. 자폐 아이는 이름을 불렀을 때 돌아보지 않거나 (호명 반응) 눈을 잘 맞추지 않는 특징이 있다.

둘째, 언어적, 비언어적 의사소통에 장애가 있는가? 자폐 아이는 말을 할 때 특정 단어를 반복하거나 리듬, 음의 높낮이가 특이하게 나타난다. 단순 언어 지연의 경우 자신이 원하는 것을 말로 표현하지 못하더라도 손가락 등을 통해 상대방의 관심을 유도할 수 있다. 그러나 자폐의 경우에는 다른 사람을 가리키거나 혹은 시선에 반응해 타인과 관심을 공유하는 것이 대부분 불가능하다.

셋째, 반복적인 행동이나 제한된 관심이 있는가? 자폐 아이는 의미 없이 박수를 치거나 손가락 튕기기, 빙글빙글 돌기 등의 반복적이고 상동적인 행동을 하기도 한다. 특정 감각에 매우 민감하거나 오히려 둔하게 반응해서 청각이나 촉각에 심한 저항을 보이는 경우도 있다.

막내는 말이 느리기는 하나 상호작용이 나쁘지 않은 편이었다. 자폐는 타인에게 무관심해야 하는데 딱히 그런 편도 아니었다. 이 또한 정확치 않은 것이, 아이는 이때껏 가족 외에 다른 사람을 만나본 경험이 많지 않았다. 때문에 다른 사람에게 관심이 있는지 없는지 정확히 판단하는 게 쉽지 않았다. 가장 의심스러운 것은 반복적인 행동이나 제한된 관심이다. 아이는 '아기 상어'를 유독 좋아해 틈만 나면 '아기 상어' 율동을 하며 돌아 다니기 때문이다. 단순히 '아기 상어 덕후'의 자연스러운 행동인지, 아니면 자폐의 특징으로 봐야 할지 판단이 되지 않았다. 일단 몇 개월 더 지켜보기로 했다.

혹시 아이가 이상행동을 보이거나 발달이 늦어 고민하고 있다면 이 점을 꼭 기억했으면 좋겠다. 전문가에 따르면 자폐는 부모의 양육 방법로 인해서 나타나는 것이 아니며 자폐 스펙트럼 장애는 보통 75% 내외에서 지적장애를 동반하지만, 적절한 치료를 꾸준히 진행하면 타인의 도움 없이도 독립적인 생활을 영위할 수 있을 정도로 호전된다고 한다. 그러니 걱정만 하기보다는 병원을 찾아 정확한 진단을 받고 조기에 치료를 시행하는 것이 중요하겠다.

잘 고른 어린이집 열 가정 보육 안 부럽다

얼마 전 대기를 걸어둔 어린이집 세 곳에서 연락이 왔다. 3월 새 학기에 자리가 난단다. 큰아이를 키울 때만 해도 국공립 어린이집처럼 인기 있는 곳은 새벽부터 줄을 서서 대기표를 받아야 했다. 심지어 전날 밤 어린이집 앞에서 텐트를 치고 밤을 새우는 일도 있었다. 다행히 더 이상 그런 촌극은 찾아볼 수 없다. 어린이집 입소 절차가 바뀌었기 때문이다.

아이를 어린이집에 보내기 위해서는 '아이사랑'이라는 사이트에 가입을 해야 한다. 거기에 아이의 생년월일 등 개인 정보를 입력하고 원하는 어린이집에 입소 신청을 하면 된다. 빈

자리가 있다면 다행이지만 아니라면 대기를 해야 하는데, 아이의 상황에 따라 점수가 매겨져 입소 순위가 정해진다. 맞벌이 가정이나 기초생활수급자, 다자녀 등 어린이집 보육이 우선 필요한 사람들은 높은 점수를 받는다. 편리한 세상이다.

첫째, 둘째 모두 세 돌 무렵부터 어린이집에 갔다. 그전까지는 친정 엄마가 오롯이 가정 보육을 해주셨다. 그러다 아이가 자신의 의사를 표현할 수 있을 때가 되자 하루에 몇 시간만이라도 어린이집에 보내기로 했다. 그때부터 전쟁이 시작됐다. 아이가 어린이집에 가는 것을 거부했기 때문이다. 매일 아침 출근길, 아이 손을 잡고 어린이집으로 향할 때면 "엄마, 오늘만 회사 안 가면 안 돼? 딱 오늘 하루만" 하며 올려다보던 아이의 그렁그렁한 눈이 아직도 선하다.

아침 전쟁은 한동안 계속됐다. 울며불며 엄마를 외치는 아이 손을 뿌리치고 나설 때마다 "내가 무슨 영화를 보자고 애들에게 이런 아픔까지 주며 일을 해야 하나" 하는 생각에 괴로웠다. 이제 다시 그런 고통을 겪을 일은 없으리라 싶었는데 웬걸, 셋째의 탄생으로 또다시 눈물의 이별식을 준비할 처지가 됐다.

막내는 다자녀 찬스로 높은 점수를 받아 3월 입학이 확정됐다. 원래 두 돌까지는 가정 보육을 할 생각이었기에 잘됐다 싶었다. 다만 아이가 엄마와 잘 떨어질지, 분리불안을 겪지 않을지 걱정이었다. 한편 기대도 됐다. 드디어 해방이구나 싶었기 때문이다. 직장에 다닐 때는 아이를 두고 가는 게 그렇게 마음 아프더니, 이제는 잠시라도 떨어져 혼자만의 시간을 누리고 싶다.

그러던 어느 날 유튜브에서 흥미로운 제목의 컨텐츠를 발견했다. '만 3세 이전에는 어린이집에 보내지 마세요'라는 제목의 영상은 아이를 어린이집에 보내는 시기에 대한 전문가의 의견을 담고 있었다. 아이를 만 3세 이전에 어린이집에 보내면 언어 발달과 사회성 등 여러 측면에서 좋지 않은 영향을 받는다고 한다. 흔히 어린이집을 가야 친구도 사귀고 말도 는다고 알고 있는 것과는 정반대의 얘기였다.

만 3세라면 우리 나이로 4~5세까지는 주 양육자가 아이를 돌봐야 한다는 말인데 현실적으로 어려운 경우가 많다. 아이를 셋 키우며 느낀 경험을 토대로 만 3세 이전에 어린이집을 보내는 것이 나은 이유에 대해 정리해봤다. 어린이집에 보낼까 말까 고민 중이라면 이 내용이 도움이 되기를 바란다.

1 맞벌이인 경우

부모가 모두 직장에 다닌다면 일찍부터 어린이집 보육을

고려할 것이다. 조부모님께 맡기는 경우도 있지만 부모님의 건강과 행복을 생각한다면 너무 긴 시간 신세를 지는 것은 추천하지 않는다. 요즘 어린이집은 보육법상 0세의 경우 아이 세 명당 보육교사 한 명으로 교사가 맡는 아이의 수가 정해져 있다. 개인적으로 베이비시터를 고용하면 아이를 단독으로 맡길 수 있다는 장점이 있지만 비용적인 측면에서 부담이 될 수 있다.

2 동생 또는 큰아이의 교육

연이어 동생이 태어났다면 만 3세 이전이더라도 어린이집 보육을 고려하게 된다. 연년생 혹은 두 살 터울의 아이를 보느라 지쳤다면 큰아이는 보육기관에 맡기는 것도 좋은 방법이다. 또한 큰아이가 초중등 학생이라 학습적인 부분을 챙겨야 하거나 학교생활을 도와야 하는 경우에도 어린이집은 좋은 선택이다.

3 또래 관계

요즘같이 바이러스 유행으로 놀이터나 키즈카페에 가는 것이 어려울 경우에는 또래 아이들과 어울릴 기회를 갖기 어렵다. 만 3세 이전의 아이들은 또래들과 함께 있다 하더라도 어울려 노는 것이 익숙지 않다. 그러나 다른 아이의 행동에 관심을 가지거나 모방하는 등 사회성을 기를 수 있다. 물론 집단생활로 인한 바이러스 전염에 대해서는 어느 정도 각오가 필요하다.

4 시간 보내기

아무리 훌륭한 엄마라 하더라도 매일 아이와 최선을 다해 오랜 시간 놀아주다 보면 피로를 느낀다. 경험상 엄마가 힘들면 아이에게도 영향이 간다. 하루 한두 시간만이라도 엄마 혼자만의 시간을 보내며 에너지를 축적해야 한다. 또한 어린이집은 집과 다른 장난감 교구가 있고 보육교사의 도움도 받을 수 있다.

다시는 동생하고 에버랜드 안 갈 거야

에버랜드 공짜 표가 생겼다. 큰아이 영어 학원과 둘째 아이 뮤지컬 수업을 빼서 겨우 시간을 만들었다. 아이들과 평일에 움직이려면 학원 일정부터 조정해야 한다. 공짜 표 때문만이 아니라 마침 아이들과 함께 시간을 보내고 싶던 터였다. 요즘은 다섯 식구가 모두 모여 밥 한 끼 먹는 일이 쉽지 않다. 막내는 친정에 맡기고 두 아이와 가볍게 다녀올까 싶었지만 부모님이 전날 코로나 백신을 맞은지라 아이를 맡기기가 죄송스러웠다. 이제 17개월에 접어든 막내에게도 놀이동산을 보여주고 싶기도 했다.

제일 신이 난 건 역시 둘째였다. 언제까지나 이 모습 이대로 머물렀으면 하고 바라게 되는 사랑스러운 딸은 아침에 눈을 뜨자마자 "오늘은 에버랜드 가는 날" 하며 노래를 불렀다. 좋아하는 뮤지컬 수업을 빼먹는 것 따위는 문제되지 않는 눈치다. 중학생 큰딸은 가족과 가는 놀이동산이 그다지 반갑지 않아 보였지만 학원에 가지 않아도 된다는 것에 만족한 눈치였다.

큰아이 학교 수업이 마치자마자 서둘렀건만 오후 5시가 다 돼서야 에버랜드에 도착했다. 코로나 때문인지 평일이라 그런지 주차장부터 한산한 분위기였다. 큰아이는 말했다.

"우리가 여기 올 때는 늘 넷이었는데 이제 다섯이라는 게 신기하다."

막둥이는 웬일인지 입구에서부터 기분이 좋지 않았다. 걷기 시작하면서 유모차를 거부하고 '안아줘병'에 걸렸는데 문제는 다른 사람은 안 되고 엄마만 안아줘야 한다는 것이다. 아이는 땅에 내려놓으면 뒤로 머리를 젖히며 바닥에 누워버렸고 안아줘야만 울음을 그쳤다. 팔과 어깨가 빠질 듯 아팠지만 다른 아이들 기분을 상하게 하고 싶지 않아서 최대한 힘든 티를 내지 않고 팔이 부서져라 막내를 안고 날랐다.

오후 다섯 시가 지난 에버랜드는 어쩐지 맥이 빠졌다. 사파리도 물개쇼도 모두 끝나고 우리 속의 동물도 전부 퇴장한 후

였다. 엄마를 닮아 무서운 놀이기구는 감히 쳐다보지도 못하는 아이들은 회전목마 따위의 시시한 놀이기구를 타며 시간을 보냈다. 그나마 둘째는 막내의 칭얼거림도 아랑곳없이 신나는 기분을 유지해 고마웠다. 하지만 첫째는 달랐다. 혼자 떨어져 걷고 자주 인상을 썼다. 기분이 안 좋으냐고 묻자 모르겠다는 답이 돌아왔다. 나쁜 것도 아니고 좋은 것도 아니고 "모르겠다"니. 전형적인 중2병 같았지만 내버려 뒀다. 솔직히 아이를 안고 있는 팔이 너무 아파 잔소리할 기운도 없었다.

코로나로 야외 식당은 모두 문을 닫았다. 에버랜드의 묘미는 외국인 공연자의 연주와 노래를 들으며 먹는 바비큐와 생맥주인데 아쉽지만 어쩔 수 없었다. 우리는 근처 중식당에 들어가 짜장면과 볶음밥으로 끼니를 때웠다. 음식은 생각보다 나쁘지 않았지만 여기서도 막둥이가 문제였다. 아이는 한시도 가만히 있지 않고 물컵을 뒤엎고 수저로 식탁을 두드리며 번잡하게 굴었다.

밥이 어디로 들어가는지 알 수 없게 급히 허기만 채운 뒤 식당 옆 장미 정원으로 향했다. 막내를 풀어놓고 한숨 돌리며 아이들 사진을 찍었다. 엄밀히 말하면 둘째와 막내의 사진만 찍었다. 큰아이는 멀찌감치 떨어져 있었기 때문이다. 큰딸은 여전히 열두 살 어린 동생이 부끄러운 눈치다. 몽실 언니처럼 막냇동생을 업어 키우라는 것도 아닌데 왜 어린 동생이 창피한지 알 수 없는 노릇이었다. 입만 열면 외동딸인 친구들의 장점만을 나열하며 부러워한다. "내 친구는 외동딸이라 엄마가 걔 옷만 많이 사준대." "걔는 외동딸이라 엄마가 해달라는 건 다 해줘." 본인이 맏딸이라 마치 손해라도 보는 양 말한다. 사춘기라 그럴 것이다. 아이가 자라면 예전 제 모습을 반추하며 이불을 차는 날이 올 것이다.

멀찍이 혼자 떨어져 있는 큰딸이 신경 쓰였지만 여력이 없었다. 막내가 다시 울고 보채기 시작했기 때문이다. 주변을 둘러보니 다른 아기들은 유모차에 잘만 앉아 있는데, 심지어 마스크까지 쓰고서. 우리 아이만 유난한 것 같아 속이 상했다. 남편이 아기를 안아보려고 무던히 시도했지만 이 효자는 오직 엄마만 원했다.

우리의 에버랜드는 이런 모습이 아니었는데. 남편과 연애하던 시절의 에버랜드를 떠올린다. 그때는 장미 대신 튤립이 만발했었지. 스물 초입의 날씬한 나와 풍성한 머리숱의 남편은 분위기와 흥에 취해 밤을 만끽했더랬다. 지금 우리 모습은 사뭇 변했지만 달라진 건 겉모습만이 아닐 것이다. 서로가 아니면 안 될 것 같은 날들은 지나고 어느새 서로 때문에 피곤한 사이가 됐다. 세 아이를 낳고 기르며 공고해진 유대감만큼 남녀 사이의 긴장감은 사라졌다. 연애에 서툴고 순수해서 좋았던 남자 친구는 여자 맘 하나 몰라주는 센스 없는 남편이, 변화무쌍한 매력의 여자 친구는 변덕스럽고 말이 많은 아내가 됐다.

"보영아, 이쪽으로 좀 와봐! 여기야 여기! 우리 연애 때 사진 찍었던 곳."

남편 역시 나와 똑같은 생각을 하고 있었던 모양이다. 한 손으로는 넘어지려는 아이 손을 잡고 다른 한 손으로는 분수대를 가리키며 크게 외쳤다. 머릿속으로는 깃털처럼 가볍고 자유롭던 청춘을 떠올리고 몸으로는 세 아이를 챙기느라 분주히 움직이며 추억에 젖었다.

어느 덧 아홉시, 우리는 폐장 시간이 다 돼서야 집으로 향했다. 평소 같으면 절대 사주지 않았을 인형도 샀다. 칭얼대는 동생을 감내하고 불평 없이 즐겨준 둘째를 위한 선물이었다. 입구를 나오며 큰아이는 말했다.

"다시는 산이랑 에버랜드에 안 올 거야. 다음에는 엄마 아빠 말고 친구들 하고 와야지."

그러고 보니 오늘 마주친 큰아이 또래들 중 부모와 함께 온 모습은 보지 못한 것 같다. 한창 친구들이 좋을 나이에 동생들과 함께 와준 것만으로도 고마운 일이라는 생각이 들었다. 나는 아이의 어깨를 감싸 안으며 말했다.

"오늘 같이 와줘서 고마워, 큰딸. 솔이가 산이만 했을 때가 엊그제 같은데 벌써 이렇게 크다니, 감격스럽네."

아이는 뾰로통하게 입을 내민 채 "나는 얘처럼 정신없지는 않았어" 하고 답했다. "그럼! 우리 솔이는 산이처럼 천방지축은 아니었지. 어릴 때부터 우아했다니까!" 나는 오버스럽게 양팔을 휘휘 돌리고 백조 흉내를 내며 말했다. 아이는 엄마의 과장된 몸짓을 보며 실소를 터뜨렸다. 막내가 생긴 뒤 부쩍 큰 아이 취급을 받아 그렇지, 아직 열네 살, 어린 나이다. 첫째라고, 중학생이라고, 무조건 이해만 바란 것 같아 미안한 마음이 든다. 더 많이 표현해야지, 안아줘야지 또 한번 다짐한다.

집으로 돌아오는 길, 모두가 지쳐 잠든 차 안에서 생각했다. '20년 전에는 우리 둘뿐이었는데, 지금은 다섯이라니. 그동안 정말 많은 것이 달라졌구나.'

칼릴 지브란은《예언자》에서 이렇게 말했다. "오늘의 슬픔 가운데 가장 비참한 것은 어제의 기쁨에 대한 추억"이라고. 20년 전 분수 앞에서 환하게 미소 짓던 우리의 추억이 지금의 슬픔이 아닌 기쁨일 수 있는 것은 사랑스러운 아이들 덕분이다. 비록 사진 속 젊고 싱그러운 여자는 온데간데없지만, 아름다운 세 아이가 내 곁에 있다는 사실이 자랑스럽고 뿌듯했다. 종일 막내를 들고 나르느라 욱신거리는 어깨를 한 손으로 문지르며 남편에게 말했다.

“우리가 다섯이라는 게 신기하지 않아?”

남편은 말없이 내 손을 꼭 잡았다. 그 순간 나는 다 가진 사람이었다.

사랑 나누기 3 = 사랑 곱하기 3

"시끄러워! 너 정말 그것밖에 안 돼? 중학생이나 된 녀석이! 불만 그만하고 빨리 학교나 가!"

아침부터 또 큰 소리를 내고 말았다. '막냇동생이 태어나서 엄마가 나한테 신경을 너무 안 쓰고 어쩌고 저쩌고' 하는 소리가 듣기 싫어 큰딸에게 잔소리를 퍼부은 것이다.

올해 중학교에 입학한 큰딸은 애초부터 막냇동생의 등장을 환영하지 않았다. "이미 동생이 있는데, 열두 살이나 어린 동생이 또 생기는 게 말이 되냐고. 이제 한창 공부해야 하는데 맨날 울고 시끄러울 거 아니야." 공부를 하면 얼마나 한다고,

얼굴 가득 불만을 담고는 아이가 태어난 순간부터 지금까지 막내 얘기만 나오면 저 모양이다.

솔직히 막내 때문에 큰 아이들에게 신경을 못 쓰는 건 사실이다. 아이를 먹이고 입히고 씻기고 재우고, 하루에도 몇 번씩 같은 일을 반복하다 보면 몸도 마음도 지쳐 가끔은 큰 아이들의 존재조차 잊을 때가 있다. 어제도 그랬다. 초저녁부터 유난히 피곤이 몰려와 일찍 잠이 들었다. 큰아이 학교 자유학기제 과목을 밤 10시부터 온라인으로 신청해야 한다는 것을 알고 있었지만 어련히 알아서 잘하겠거니 여겼다. 이튿날 아침, 신청은 잘했느냐는 물음에 아이는 잔뜩 서운한 목소리로 말했다.

"내가 원하는 과목 한 개도 신청 못 했어. 방법을 잘 몰라서 헤매다가 1분 늦게 들어갔더니 다 마감돼 버렸단 말이야. 내 친구들은 엄마가 도와줘서 전부 성공했는데, 어떻게 엄마는 이 중요한 날 일찍 자버릴 수가 있어?"

아차, 싶었다. 아무리 피곤해도 도와주고 잤어야 했는데. 인터넷으로 과목을 신청하는 일이 아이에게 어려운 일일지 미처 몰랐다. 그저 혼자 잘하려니 여겼다. 그래봤자 아직 중1인데 아이를 너무 어른 취급할 때가 있다. 나는 미안한 마음을 숨기고 아이를 위로한답시고 아무것도 아닌 척 대꾸했다.

"그럴 수도 있지, 뭐. 어차피 1학년은 성적도 안 나온다며. 대충 해."

"엄마는 어떻게 지금 성적 얘기를 할 수가 있어! 내가 듣고 싶은 과목을 못 듣게 됐다는데 성적이 무슨 상관이야! 이게 다 산이 때문이야. 엄마가 재 때문에 맨날 피곤하니까 내 일도 못 도와주는 거잖아."

막내는 제 얘기를 하는 걸 아는지 모르는지 화가 난 누나의 바짓가랑이를 붙잡고 혼자 서기 위해 안간힘을 쓰고 있었다. 미안한 마음과 다르게 날 선 말이 날아갔다.

"시끄러워! 너 정말 그것밖에 안 돼? 중학생이나 된 녀석이! 불만 그만하고 빨리 학교나 가!"

아이는 퉁퉁 부은 얼굴을 하고 집을 나섰다. 가끔 이런 생각을 한다. 예전 할머니 세대, 아이를 예닐곱씩 낳는 일이 보통이었던 시절에는 부모들이 어떻게 자녀들에게 사랑을 나눠줬을까. 아이가 셋일 뿐인데도 가끔 이름조차 헷갈려 여러 번 고쳐 부르곤 하는데 그 옛날에는 많은 아이들의 마음을 어찌 일일이 헤아렸을까?

한번은 이런 일도 있었다. 저녁을 먹고 설거지를 하고 있는데 둘째가 다가와 물었다.

"엄마, 엄마는 아직도 나 사랑하지?"

"그럼, 당연하지. 그런 걸 왜 물어?"

"엄마 사랑이 나한테서 산이에게 전부 옮겨간 거 같아서."

나는 답했다.

"진아, 엄마의 사랑이 산이에게 옮겨간 게 아니라 더 많이 생긴 거야. 엄마가 언니랑 진이를 사랑하는 크기만큼, 산이가 태어나면서 새로운 사랑이 또 생겨난 거야. 아이가 많아지면 많아질수록 사랑은 더 많이 생겨나는 거야."

그제야 아이는 만족한 듯 고개를 끄덕이며 미소 지었다.

둘에서 셋으로, 단지 한 명이 늘어났을 뿐인데 고민은 몇 배가 늘었다. 단지 돈이 많이 들고 몸이 힘든 게 문제가 아니라 관심과 애정의 배분을 어떻게 해야 할 것인가가 중요한 숙제가 됐다. 아이가 자랄수록 함께 보낼 수 있는 시간이 한정적인 탓에 요즘은 남녀가 데이트 하듯 아이들과 일대일 시간을 가지려 노력한다. 평일 오후, 막내를 잠시 친정에 맡기고 둘째와 단 둘이 쇼핑을 하거나 저녁을 먹는다. 학원 일정 등으로 바쁜 큰아이와는 주말 시간을 이용한다. 이때 아이들은 온 가족이 모여 있을 때 말하기 어려운 개인적인 고민을 이야기하거나 속마음을 전한다.

며칠 전 둘째와 단 둘이 식당에서 오므라이스를 먹는데 아이가 말했다. "엄마, 요즘 먹은 음식 중에 최고로 맛있어!" 특별할 것 없는 평범한 오므라이스인데도 아이는 연신 엄지를 치켜들며 말했다. 깨끗이 그릇을 비운 아이를 보며 앞으로 더 자주 둘만의 시간을 보내야겠다고 생각했다.

큰아이가 학교에서 돌아오면 따뜻하게 안아줘야지. 그리고 말해줘야지. 나를 엄마로 만들어준 첫사랑은 너고, 영원히 너일 거라고. 막내가 태어나고 또 태어나도 영원히 너는 엄마의 첫 정, 첫사랑일 거라고. 그러면 너는 소스라치게 놀라며 묻겠지? 설마 동생이 또 태어나는 거냐고. 그럴 일은 절대 없을 테니 걱정 마, 큰딸. 그건 누구보다 엄마가 가장 바라지 않는 일일 테니.

03
모든 아이가 상위 1%일 수는 없다

미국식 육아,
한국식 육아

늘그막에 아기를 키우며 아쉬운 점 중 하나는 주변에 육아 정보를 공유할 '동지'가 없다는 것이다. 친구의 아이들은 대부분 초등학생 아니면 중학생이라 막내를 키우는 고민을 토로하면 다들 "너무 오래돼서 생각이 안 난다"며 고개를 내젓는다.

육아도 트렌드가 있다. 장비부터 방식까지, 큰 아이들을 키우던 십여 년 전과는 많이 변했다. 덕분에 요즘은 친구보다 후배, 동생과 자주 연락을 주고받는다. 특히 막내와 비슷한 시기에 태어난 아기를 키우는 한 동생의 도움을 자주 받는다. 그녀는 미국 교포와 결혼해 현재 플로리다에 사는데, 나보다 무

려 열 살이 어리지만 비슷한 시기에 출산을 했으니 육아 동기나 다름없다. 미국과 한국 간 시차에도 불구하고 그녀와 나는 하루에도 몇 번씩 메신저를 통해 육아 고민과 정보를 나누곤 한다. 요즘은 그녀와 이야기를 나누면서 미국과 우리나라의 육아 방식에 큰 차이가 있음을 느낀다.

얼마 전 그녀에게 요즘 애가 너무 자주 울고 보채는데 그럴 때마다 어떻게 하면 좋을지 모르겠다고 토로했다. 그녀는 자신도 같은 문제로 고민이라 의사 선생님께 조언을 구했다면서 이렇게 말했다.

"언니, 의사 선생님 말로는 아기들이 이유 없이 보챌 때는 일단 무시해야 한대요. 절대 화를 내거나 달래지도 말고 눈도 마주치지 말고요."

"애가 막 울고, 뒤로 넘어가도?"

"네, 그냥 두래요. 지쳐서 그만둘 때까지 신경 쓰지 말라고 하던데요. 아, 그리고 언니. 애기 울 때 절대 트릿(treat) 주면 안 된대요."

그동안 애가 보챌 때마다 간식부터 쥐어주던 게 떠올라 뜨끔한 것도 잠시, 문득 미국에 살 때 있었던 일이 떠올랐다. 하루는 학교 앞에서 아이들 수업이 마치기를 기다리고 있는데 어디선가 아기 우는 소리가 끊이지 않고 들렸다. 주위를 둘러

보니 한 백인 여성이 유모차에서 우는 아기를 옆에 두고 옆 사람과 이야기를 나누고 있었다. 아기가 빽빽 소리를 치며 우는데도 눈 하나 깜짝하지 않고 수다를 나누는 것을 보고 '애 좀 유모차에서 꺼내서 안아주던가, 달래주지. 저러다 애 진 다 빠지겠네' 생각했다. 지금 생각해보니 이 또한 '미국식 육아 방식'이 아니었나 싶다.

미국에서는 아이를 신생아 때부터 따로 재운다. 아기 침대 옆에 베이비 모니터를 달아 아기가 울면 부모가 건너가 살핀다. 어릴 때부터 혼자 잠드는 법을 가르치기 위해서가 아닌가 싶다. 아무리 그렇다 해도 이제 막 배 속에서 나온 아기를 따로 재운다니, 우리 정서로는 조금 매정하게 느껴진다.

아이를 따로 재우는 것과 함께 자는 것, 둘 중 어느 편이 더 좋을까? 2017년 미국의 한 대학병원 소아과에서 이에 대해 연구했는데 생후 4개월이 지난 아이는 부모와 함께 자는 것보다 분리된 방에서 따로 자야 더 오래, 깊게 잠이 든다는 결과가 나왔다. 반대의 의견도 있다. 미국 소아과학회는 아이가 최소한 6개월이 될 때까지는 침대가 아닌 곳에서 부모와 함께 잠을 자는 것이 영아급사증후군의 위험을 줄일 수 있다고 권고했다. 함께 자야 부모와 아이의 유대감을 높이고 수면장애도 줄일 수 있다는 의견도 있다. 즉, 정답은 없다. 전문가의 의견은 참고하되, 결정은 부모의 몫이다. 그래서 부모의 역할이 어려운 것이다.

그렇다면 어린이집은 어떨까? 미국의 공교육은 만 5세부터 시작된다. 우리식으로 말하면 유치원이다. 5세 이전에 보내는 어린이집의 경우 우리나라는 국가에서 비용을 부담하는 데 반해, 미국은 개인 비용으로 부담해야 한다. 미국은 주마다 물가가 다르고 따라서 비용도 천차만별이지만 내가 살던 샌디에이고는 보통 한 달에 1200~1400달러 정도가 일반적이었다. 물론 시설이 더 좋은 곳은 2000달러가 훌쩍 넘는 곳도 있다. 데이케어는 우리나라로 말하면 어린이집 같은 곳인데 교육보다는 돌봄이 주가 된다. 매일 가야 하는 우리나라 어린이집과는 달리(한 달 최소 등원일 11일이 충족돼야 정부 지원 가능함) 미국의 데이케어는 주 3회, 주 2회 하는 식으로 날짜를 정해 보낼 수 있고 수업료도 그에 따라 다르게 정해진다. 날짜뿐만 아니라 하루 세 시간만 맡기는 반일반과 오후까지 맡기는 종일반도 선택 사항이다. 아이들이 어떻게 하루를 보내고 어떤 음식을 먹었는지, 어떤 일이 있었는지 꼼꼼하게 알림장을 적어주는 한국 어린이집과 달리 미국은 별다른 문제가 없으면 따로 알려주지도 않는다. 지인에게 듣기로 한번은 아이가 무릎을 다쳐 왔는데 선생님으로부터 이에 대해 전해 들은 이야기가 없어 당황한 적이 있다고 했다. 우리나라라면 미리 전화나 문자 등으로 아이가 다친 상황을 알리고 처치했을 텐데 우리 입장에서는 이해하기 어려운 일이다. 그러나 미국에서는 크게 다친 게 아니라면 넘어지는 등 작은 사고에 대해서는 신경 쓰지 않는 분위기라고 한다. 이 또한 자율과 독립을 중시하는 미국 육아 방식의 일환이 아닌가 싶다.

한국이나 미국이나, 전 세계 어느 나라나 부모가 자식을 사랑하는 마음은 다르지 않으리라. 십여 년 전 EBS에서 이와 관련한 내용을 방영한 다큐 프로그램 〈마더쇼크〉가 화제였다. 몇 가지 실험을 통해 비슷한 또래의 자녀를 키우는 동서양 엄마들을 비교하고 분석해 모성의 본질과 양육 해법을 제시한 이 프로그램은 방영 이후 책으로 출판됐을 만큼 큰 반향을 불러왔다. 특히 한국 엄마와 미국 엄마가 자녀를 생각할 때 뇌 MRI를 촬영했더니 둘 다 내측전전두엽이 활성화됐다는 것이 인상적이었다. 내측전전두엽은 자신을 판단할 때 활성화되는 영역으로 타인을 판단할 때는 등측전전두엽이 활성화된다. 즉, 엄마가 자녀를 생각할 때 타인이 아닌, 자신과 동일하게 여긴다는 것은 동서양 구분 없이 동일하다는 것이다. 그러나 이 결과가 자녀의 양육 방식에도 똑같이 이어진 것은 아니었다. 실험에 따르면 아이가 자랄수록 엄마와 아이를 다른 객체로 인정하는 서양과 달리 우리나라 엄마들은 자녀의 성취를 자신의 성공 또는 실패로 여기는 경향이 강했다. 물론 이 실험 하나로 동서양 엄마들의 양육 성향과 태도를 일반화할 수는 없다. 또한 어느 쪽이 더 낫다고 평가할 수도 없다. 나 역시 아이 입에 밥풀이 묻는 게 싫어 아이 스스로 밥을 먹게 하기보다 떠 먹여주려 하는 보통의 한국 엄마라서 어떤 양육 방식을 택하는 것이 옳을까 매 순간 고민스럽다.

오늘도 아이는 잘 놀다가 갑자기 울고 보채기 시작한다. 나도 미국식 육아 방식을 따라 해볼까 싶어 못 본 척하고 있자니 아이는 더 서럽게 울었다. 안쓰러운 마음을 감추고 무관심하려 노력했다. 그럼에도 아이는 울음을 멈추지 않더니 끝내 "엄마, 엄마"를 외치며 앙증맞은 두 팔을 나를 향해 뻗는 게 아닌가. 그 서러운 얼굴과 입매를 보는데 차마 더는 버틸 재간이 없다. 미국식 육아도 좋지만, 아이가 이토록 내 품을 원하는데 배겨낼 수가 있나? 미국 엄마도, 한국 엄마도, 육아는 세상에서 가장 어려운 일임이 분명하다.

어린이집 vs 놀이 학교

막내를 어린이집에 보내면서 또래 아이를 키우는 엄마들을 몇 명 알게 됐다. 나이가 열 살쯤 아래인 이들도 있고 서너 살 차이의 또래 엄마도 있다. 고령출산이 늘면서 엄마들의 평균 연령대도 높아졌다지만 나처럼 띠동갑 형제를 키우는 엄마들은 흔치 않다 보니 선배 엄마로서 교육 관련 질문들을 종종 받곤 한다.

이제 겨우 두 돌이 넘은 아기를 키우는 엄마들이 초중 교육을 넘어 입시 정보까지 관심을 갖는 것이 놀라운 한편 대견하다. 멀리 내다보고 미리 준비하기 위한 열정을 그저 극성이라

치부하기에는 현실이 너무 가혹한 탓이다. 누가 이 엄마들을 탓할 수 있으랴.

"요즘은 초등 3, 4학년부터 중학 수학 선행을 한다던데, 정말 그래요?"

"요즘은 유명 학원에 다니려고 과외도 받는다면서요?"

안타깝게도 이 모든 소문은 사실이다. 초등학교에 입학하면서 혹은 그 이전부터, 대한민국에서 태어난 어린이들은 무한 경쟁에서 이기기 위한 싸움에 돌입한다. 물론 부모가 재력이 뛰어나 딱히 공부에 목숨 걸지 않아도 편안한 미래가 보장된 경우는 예외다. 왜 이런 말도 있지 않나, 강남도 다 같은 강남이 아니라고.

사교육 1번지 대치동에 사는 절반 정도는 가난한(?) 의사 부모들이라고 한다. 이들의 목표는 오직 하나, 아이를 의대에 보내는 것인데 이유는 물려줄 재산이 없기 때문이다. 그들은 오래된 구축 아파트에 전세로 살며 한 달에 몇 백만 원씩 사교육에 돈을 쏟아붓는다. 압구정, 청담 쪽 부모들은 사정이 조금 나아서(?) 아이 유학을 염두에 둔다. 학원보다 과외를 선호하는데 현직 대학교수를 가정교사로 고용하기도 한다. 이 이야기의 클라이맥스는 바로 동부이촌동에 사는 부자들이다. 그들은 사교육에 열을 올리지 않는다. 대신 거실 창밖을 내다 보며 아이들에게 이렇게 말한단다.

"애들아, 강 건너 저 건물들 보이지? 나중에 크면 다 니들 거란다. 공부 대충 하고 편하게 살아라."

웃기고 슬픈 얘기다. 물려줄 빌딩도 땅도 없지만 그렇다고 의대 입시에 목숨 걸고 싶지는 않은, 나 같은 보통 엄마들은 고민이다. 아이를 위해 어떤 노력을 해야 할까? 이 고민은 아이를 어린이집에 보내는 순간부터 시작된다. 어린이집이 좋을까, 놀이 학교가 좋을까?

어린이집은 0세부터 4세까지 (국공립은 7세) 다닐 수 있고 보육료가 무료(정부 지원)인 대신 시설이 다소 협소하다는 단점이 있다. 1세반은 세 명, 2세반과 3세반은 다섯 명당 한 명의 교사가 담당한다. 기본 보육 시간은 오전 9시부터 오후 4시까지이며 추가 보육이 필요한 경우 오후 7시 30분까지 연장이 가능하다.

놀이 학교는 3세(만 2세)부터 입소 가능한데 어린이집과 가장 큰 차이는 비용이다. 놀이 학교는 기관마다 다르지만 보통 130만 원에서 많게는 200만 원까지 다양하다. 자유 놀이 시간이 주가 되는 어린이집과 달리 놀이 학교는 철저한 시간표(커리큘럼)에 따라 운영된다. 교사 한 명당 돌봐야 하는 학생 수가 정해져 있는 어린이집과 달리 놀이 학교는 기관 자율에 맡겨진다.

비용 문제를 제외하고 어린이집과 놀이 학교 중 선택을 해야 한다면 공간이 넓고 다양한 커리큘럼이 있는 놀이 학교가 더 좋아 보이기 마련이다. 그러나 이는 어른의 기준일뿐, 아이 입장에서는 작은 공간도 충분하고 오히려 아늑하게 느낄 수 있다. 시간마다 빈틈없이 채워진 활동도 아이들에게 부담일 수 있다는 점 역시 고려해야 한다. 놀이는 자율적으로 만들어지는 것인데 놀이 학교의 놀이는 교육을 전제로 하고 있어 진정한 놀이라 하기 어렵다는 것도 문제다.

또 한 가지, 어린이집 보육 교사들은 보육교사자격증을 반드시 가지고 있는데 반해 놀이 학교 교사들은 자격증이나 유아 관련 전공이 반드시 필요한 것은 아니다. 물론 자격증을 가지고 있다 해서 아이들을 더 잘 돌볼 수 있다고 단정하기는 어렵다.

한 가지 더, 맞벌이의 경우 아이를 맡길 수 있는 시간이 더 긴 어린이집이 장점이 될 수 있지만 어린이집에 따라 연장 보육이 가능한지 확인이 필요하다. 초반 적응 기간을 가질 수 있는지 역시 고려해야 하는데 어린이집의 경우 초반 1, 2주 정도는 부모가 아이와 함께 어린이집에서 머무르며 아이들이 환경에 적응하도록 돕는다. 그러나 놀이 학교는 부모가 기관

안에 함께 머무르는 것을 금지하기 때문에 아이들이 분리불안을 겪을 수 있다. 막내의 경우, 어린이집 적응 기간이 큰 도움이 됐다. 첫 일주일은 30분, 두 번째 주는 한 시간씩 아이와 함께 어린이집에 머무르며 새로운 환경에 적응할 시간을 주었더니 이후 별 어려움 없이 떨어질 수 있었다.

"어린이집에 갔더니 너무 놀기만 해서 다섯 살인데 아직 한 글도 몰라요."

"놀이 학교는 영어 수업이 약해서 원어민 교사가 있는 영어 유치원으로 옮겨야 할 것 같아요."

바야흐로 레이스는 시작됐다. 사교육에 거금을 들이면 아이의 인생이 바뀔 수 있을까? 아이 스스로 인생의 목표를 세우기 바라는 건 부모로서 직무유기, 아니면 무책임일까? 세 번째 아이를 키우면서도 여전히 답을 알 수 없어 답답하기만 하다.

영어유치원,
꼭 다녀야 할까?

영어가 필수인 시대다. 억울해도 어쩔 수 없다. 특히 우리 아이가 살아갈 시대는 국어만큼 영어를 잘하는 게 중요할 것이다. 물론 외국어가 필요치 않은 직업도 많다. 하지만 사람이 일만 하고 사나? 책도 읽고 영화도 보고 여행도 가고 문화생활도 해야 하는데, 영어를 알면 더 제대로 즐길 수 있다.

영어교육 붐은 오래전부터 있었다. 입시 때문이다. 대학에 가려면 주요 과목, 소위 국영수 성적이 중요한데, 상대적으로 점수 따기가 쉬운 영어 과목을 미리 정복해야 수학, 과학 등 어려운 과목을 공부할 시간을 벌 수 있으므로 조기 영어교육은 언제나 인기였다.

요즘 엄마들은 단지 성적 때문에 영어를 가르치지 않는다. 아이들이 원어민처럼 말하고 읽고 쓰기를 바란다. 그러나 우리에게는 우리 고유의 아름답고 자랑스러운 말과 글이 있다. 가정에서 이중 언어를 사용할 수 있는 환경이 된다면 모를까, 그렇지 않은 대부분의 경우에는 어릴 때부터 영어에 노출시키는 게 쉽지 않다. 그래서 생겨난 것이 바로 '영어유치원'이다.

영어유치원, 줄여서 '영유'에 입학하는 나이는 5세부터다. 더 빨리 입학이 가능한 곳도 있지만 평균 5세반부터 시작하는 경우가 일반적이다. 영유의 교사들은 영어권 나라 출신, 이른바 '원어민'들로 구성된다. 유치원 안에서는 우리말 쓰는 것이 금지되고 무조건 영어로 소통하는 것이 원칙이다. 커리큘럼은 원에 따라 차이가 있지만 '놀이'보다는 읽기, 쓰기 등 학습 위주로 운영되는 곳이 많다.

초등 입학 전까지 영어유치원에 다닌 아이들은 영어를 말하고 읽고 쓰는 데 어려움이 없다. 물론 그 나이 또래의 언어 발달 수준에서다. 초등 입학 후 일반 유치원 출신 친구들과 영유 출신 친구들은 영어 실력에 차이가 날 수밖에 없다. 엄마들의 조바심은 여기에서 시작된다.

"옆집 애는 영유 3년 다녔는데 GE3 레벨이래. 우리 애도

SR을 봤는데 ZDP가 1.5−2.5 나왔어. 우리 애도 무리해서라도 영유 보낼걸!"

아마 이 글을 읽는 영아기의 자녀를 둔, 혹은 아직 아이가 없는 독자들은 GE가 뭔지, ZPD는 무엇인지 생소할 것이다. GE는 'Grade Equivalent'의 줄임말로 미국 동급 학년과 비교한 리딩 레벨을 말한다. 그러니까 GE3은 미국 초등 3학년 수준의 영어 읽기 레벨이라고 생각하면 된다. SR은 GE 등을 판별하기 위한 테스트를 말하고, ZPD는 'Zone of Proximal Development'로 권장 독서 범위를 이야기하는데 1.5에서 2.5라면 1학년 5개월부터 2학년 5개월 수준 난이도의 책을 읽는 것을 권장한다는 의미다. 다소 복잡하고 어렵게 느껴지는 이 용어들도 머지않아 익숙한 단어가 될 테니 미리 알아두는 것도 나쁘지 않다.

그런데 여기에서 중요한 것은 미국 초등학교 레벨이다. 미국 초등학교의 읽기 레벨, 특히 저학년의 읽기 수준은 생각처럼 높지 않다. 미국과 한국, 두 나라에서 아이들을 초등학교에 보내며 느낀 점은 오히려 한국 초등학생들의 영어 읽기 수준이 미국 아이들보다 높다는 것이다. 이는 어찌 보면 안타까운 일인데 미국 초등 저학년 아이들은 책 읽는 것보다는 밖에서 노는 활동에 더 열심인 까닭이다. 즉, 미국 초등 3학년 수준의 영어 레벨을 따라잡는 것은 생각만큼 어렵지 않다. 오히려 국어 학습이 제대로 된 아이들, 문해력이 높은 아이일수록 영어 읽기 실력이 더 빨리 향상될 수 있다. 그러므로 영어 유치원에 보내지 않았다 해서 영어 실력이 뒤처질까 봐 걱정할 필요는 없다.

다만 말하기는 조금 다른 얘기다. 영어는 모국어가 아니므로 말할 기회가 많지 않고 따라서 하루에 몇 시간이라도 꾸준히 외국어에 노출된 아이들이 더 쉽게 잘 말하는 것은 당연하다. 그렇지만 이 또한 맹점이 있다. 초등학교에 입학하는 순간 영어보다 한국어를 더 많이 사용하게 되므로 영어 말하기 실력이 더 이상 향상되기 어렵다는 것이다. 물론 원어민 교사가 있는 학원 등에서 일주일에 여섯 시간 정도 영어 말하기 수업이 가능하다. 그러나 이 또한 초등 1학년 때 시작해도 늦지 않다. 처음에는 5세부터 3년 동안 영어에 노출된 아이들만큼 영어로 말하는 것이 어렵겠지만 따라잡기 어려울 정도의 수준은 아니라는 것이다.

아이를 먼저 키운 선배 엄마로서, 미국의 초등학교를 잠시나마 경험해본 이로서 감히 조언을 드리자면 영어유치원은 영어교육을 위한 좋은 방법임에 틀림없지만 필수는 아니다. 영유 3년은 아이의 영어 실력에 결정적인 영향을 주지는 않는다.

책 읽기는 엄마의 노력으로도 충분히 가능하다. 미국에서 유치원 아이들과 초등 저학년 아이들이 읽는 책은 한국에서도 어렵지 않게 구할 수 있다. 무조건 쉬운 책으로 시작하는 게 좋다. 미국 아이들도 쉬운 책을 읽는다. 가장 중요한 점은 한글을 반드시 함께 익혀야 한다는 것이다. 문해력이 떨어지면 영어 실력을 높이는 데도 한계가 있기 때문이다. 아이와 영어로 대화하는 것이 어렵다면 유튜브와 넷플릭스 등 미디어를 통해 듣기 실력을 키울 것을 추천한다. 어차피 피할 수 없는 영상 콘텐츠라면 영어 버전으로 시작할 것을 권한다. 처음 습관을 들이는 것이 쉽지 않지만 영어 듣기 실력을 높이는 데는 엄청난 효과가 있다. 잘 들려야 말할 수 있고, 듣기는 말하기의 초석이 된다.

무엇보다 당부하고 싶은 것은 '엄마표 교육'에 부담을 갖지 않았으면 좋겠다. 마치 엄마의 노력에 따라 아이 인생이 결정되는 것처럼 외치는 수많은 책과 미디어의 공격에 의연하기를 바란다. 우리가 부모에 의해 만들어지지 않았듯 우리 아이들도 스스로 길을 찾고 성장해나갈 것을 믿어야 한다. 물론 힘들 때, 어려울 때 기댈 수 있는 든든한 울타리가 돼주는 것은 중요하다. 그러나 마치 로블록스 게임의 인형 다루듯 아이의 모든 것을 조정하려는 부모는 되지 말아야 한다. 사실 이 모든 당부는 스스로에게 하는 다짐이다. 세 아이를 키우는 매 순간, 마음을 비우고 욕심을 내려놓는 법을 배운다.

영어가 중요하다지만, 또 잘 못하면 어떠리. 행복은 영어 성적 순이 아닌 것을. 한국어가 영어처럼 세계 공용어가 된다면 참 좋을 텐데, 부질없는 생각을 해본다.

모든 아이가 상위 1%일 수는 없다

몇 해 전 우리나라 교육 현실을 꼬집은 드라마 〈스카이 캐슬〉이 화제였다. 1회 첫 장면은 대치동 학원가 도로변을 가득 메운 자동차와 교복 입은 학생들의 모습으로 시작된다. 드라마가 저렇게 사실적이어도 되나? 너무나 익숙하지만 동시에 인정하고 싶지 않은, 불편한 현실을 보고 있자니 어쩐지 섬뜩한 생각이 들었다. 드라마가 방영된 건 2018년이지만 내가 이 드라마를 본 것은 미국에서 귀국한 지 얼마되지 않은 때였으니, 아마 2020년쯤이었을 것이다. 〈스카이 캐슬〉의 명성은 익히 들어왔지만 보기가 꺼림칙해 미뤄왔던 터였다.

혹자는 이 드라마가 지나치게 자극적이라고 말하지만 초중등생을 키우는 엄마로서 말하는데, 허구적 요소는 있을지언정 현실을 과장한 것은 아니다. 오히려 뒤로만 쉬쉬하던 이야기들, 이를테면 '목표는 서울 의대(실상은 지방 의대라도 의대만 들어가면 오케이)'라거나 '현직 교수 아버지가 주축이 된 독서토론 동아리' 같은 일들이 적나라하게 드러난 것이 놀라울 지경이었다.

미국에 사는 2년 동안 우리 아이들은 선행학습을 하지 않았다. 그러나 우리처럼 부모 직업 때문에 1, 2년간 연수 온 아이들의 경우 한국의 수학, 국어 과외를 따로 받는 경우가 대부분이었다. 귀국했을 때를 대비해 한국 진도를 따로 공부하는 것이다. 나는 미국까지 와서 아이들에게 부담을 주고 싶지 않았다. 그보다 현지에서 할 수 있는 가능한 한 다양한 경험을 하는 게 우선이라 생각했다. 아이들은 방과 후 일주일에 한두 번씩 캘리포니아의 뜨거운 태양 아래 서핑, 소프트볼 같은 야외 스포츠를 즐기고 봄이면 걸스카우트 쿠키 세일, 캠프 등을 하며 지냈다. 때로는 친구들과 어울려 바닷가에 가거나 가족 여행을 떠났다.

이런 나를 두고 주변에서는 걱정 어린 시선을 보내곤 했다. 특히 중학생이 되는 큰아이에 대한 우려가 높았다. 대체 그렇게 놀게만 하다가 돌아가서 어쩌려고 그러느냐고. 요즘 한국 애들은 초등학교 때 이미 중학교 진도를 끝내는 게 보통이라면서 겁을 줬다. 그러거나 말거나, 나는 아이들이 다시 오지 않을 지금 이 순간을 즐기는 게 더 중요하다고 생각했다. 다시 돌아가도 그때와 똑같은 결정을 할 것이다.

돌아보면 아이들이 어릴 때도 비슷한 선택의 순간은 있었다. 큰아이가 유치원에 입학할 때쯤 영어유치원과 일반 유치원 중 어디를 보내느냐의 문제로 한동안 고민했다. 당시에는 미국에 가게 될 줄은 몰랐을 때였다. 주변 사람들은 말했다.

"영어유치원을 보내야 돼. 안 그러면 초등학교 때 좋은 학원 레벨 테스트에 다 떨어져."

영어유치원을 보내는 이유가 고작 학원에 보내기 위해서라니. 기가 막혔지만 현실이었다. 결국 아이는 내 고집대로 영어유치원에 가지 않은 덕분에 남들이 말하는 '좋은 학원'에 들어갈 수 없었지만 어찌저찌 미국에 다녀오게 된 덕분에 영유에 가지 못한 한은 남지 않았다. 그러나 그게 끝이 아니다.

"영어 수능 만점은 당연한 거고, 디베이트 대회에서 입상해야 돼. 그래야 특목고에 원서라도 낼 수 있어."

이제 중학교에 입학한 아이가 영어 수능 만점이라니. 아무리 미국에서 살다 왔지만 수능 만점은 쉽지 않을 터였다. 요지는 영어 과목을 중학교 때 다 끝내야 고등학교 때는 수학 등 다른 과목에 집중할 수 있다는 것이다. 이뿐만이 아니다. 학생부 스펙을 채우려면 과학탐구 경시대회 등에서 수상해야 하는데 이 대회의 답안을 만들어주는 것 역시 사교육이다. 학원에서 답을 미리 알려주면 아이들은 소위 모범 답안을 달달 외워 경시대회에 나가고 대회 수상이라는 타이틀 하나를 얻는 것이다. 이쯤 되면 과학 영재가 아니라 암기 영재 아닌가? 더구나 이 스케줄을 소화하기 위해서는 일주일 중 단 하루도 쉬어서는 안 된다. 그럼 숙제는 언제 하나? 중간고사, 기말고사를 준비할 시간은 있을지 궁금할 지경이다.

막내를 키우면서 알게 된 사실은 이제 막 세 돌이 지난 아이도 학원에 다닌다는 것이다. 우리 때는 서너 살 아이의 사교육은 생각해본 적도 없을뿐더러 유치원생이 학원을 다닌다 하면 피아노, 미술, 한글 학습지 정도가 전부였다. 하지만 요즘은 이런 일차원적 학습이 아닌, 보다 고차원적 사교육이 대세란다. 예를 들면 사고력을 깨워주는 브레인 스쿨, 정서를 안정시켜 공부 머리를 깨워주는 음악 치료, 교구로 배우는 논리 학습 등이다. 구세대라 그런가 아무리 설명을 들어도 도무지 정체를 알 수 없는 이 학원들은 고가에도 불구하고 대기표를 받지 않고서는 들어가기조차 불가능하다고 한다.

그러나 모든 아이들이 상위 1%일 수는 없다. 부모 등살에 학원을 전전하며 선행학습을 하고 영재고와 의대 입시에 성공한다 해서 그 아이의 인생이 행복하다 확신할 수 있을까? 교과서가 아닌 좋아하는 분야의 책을 읽고 학원에 가는 대신 여행과 스포츠를 즐기고 오직 10대만이 누릴 수 있는 즐거움을 만끽하면서 미래를 준비할 수 없는 것일까?

진정 대한민국에서는 의대 입학만이 캐슬로 가는 사다리일까? 나 역시 아이가 실패하는 것이 두려운 평범한 부모지만, 그 전제에는 아무래도 동의하기 어려울 것 같다.

책 읽기가 전부인 미국의 초등교육

아이 셋을 키우다 보니 한 달 생활비 중 교육비로 나가는 돈이 만만치 않다. 막내야 아직 어리니 그렇다 치고 중학생, 초등학생 아이 둘에게 들어가는 것만 해도 지출이 크다. 영어, 수학 주요 과목은 기본, 둘째는 어릴 때 미국에서 학교를 다닌 탓에 우리말과 글 실력이 부족해 글쓰기 학원에 다닌다. 명색이 국어 교육서 《우리 아이의 읽기, 쓰기, 말하기》(지식너머, 2018)를 출간한 엄마로서 부끄럽지만 막둥이 육아로 도무지 직접 가르칠 시간이 나지 않는다는 옹색한 변명을 해본다. 거기에 더해 큰아이는 매주 한 차례 테니스 레슨을 받고 작은아

이는 댄스 학원에 간다. 우리나라 공교육에서 체육은 다른 과목에 비해 비중이 현저히 낮기 때문에 체력을 높이고 에너지를 발산하기 위해서는 체육 역시 사교육이 필수다. 아이들 학원비로 쓰는 돈을 얼추 계산해보니 한 달에 무려 200만 원에 가깝다. 방학 특강이나 인터넷 강의라도 추가하면 부담은 더 늘어난다.

외국에서도 아이를 키우려면 이처럼 많은 돈이 들까? 다른 나라의 경우는 잘 모르지만 짧은 시간이나마 미국에서 아이들을 초등학교에 보내며 느낀 점을 말해볼까 한다.

나는 미국에서 아이들이 다니는 학교의 자원봉사자로 일했다. 일주일에 적어도 세 번은 오전 내내 아이들 학교에 머물렀다. 미국 교육 시스템이 궁금하기도 했고, 아이들이 적응하는데 도움이 될까 싶어서였다. 미국의 공립학교는 부모들이 학교 행사와 수업에 참여하는 비중이 우리나라보다 훨씬 높다. 학부모 자원봉사자들이 없으면 학교가 제대로 돌아가지 않을 정도다. 매년 학기 초, 학교에서는 자원봉사를 신청할 학부모들을 모집하는데 선착순으로 마감될 정도로 참여도가 높은 편이다.

나는 일주일에 한 번은 큰아이 반에서, 한 번은 작은아이 반에서 담임선생님을 돕는 보조 역할을 맡았다. 주로 학습 자료를 복사하거나 파일을 정리하는 것과 같은 단순한 업무를 했는데 이따금 그룹 미술 수업이나 책 읽기 수업을 돕기도 했다. 미국 학교에서 자원봉사를 하며 느낀 미국 초등교육의 특징은 다음과 같다.

첫째, 수업 중 교사만 말하지 않는다. 특히 질문에 제약을 두지 않는다. 아이들은 수업 시간에 궁금증이 생기면 손을 들고 질문하는 데 거리낌이 없다. 우리나라 학교에서는 보기 힘든 풍경이다. 미국은 어릴 때부터 남의 눈치를 보지 않고 자신의 생각을 자유롭게 말하도록 교육한다.

둘째, 글쓰기가 공부의 기본이다. 영어는 물론이고 사회부터 과학, 수학에 이르기까지 모든 것은 글쓰기로 시작해서 글쓰기로 끝난다 해도 과언이 아니다. 1학년 아이들의 글쓰기 수준을 보면 우리나라 유치원생보다 못해서 실소가 나오지만 졸업반 아이들의 작문 실력은 감탄사가 절로 나온다. 학교에서 수업 내내 글쓰기를 훈련하니 실력이 늘 수밖에 없다. 우리나라도 수행평가라는 이름의 글쓰기 평가가 있는데, 아쉬운 것은 수업은 없고 평가만 있다는 것이다. 학부모들이 논술학원에 목을 매는 것도 무리가 아니다. 특히 우리의 국어 과목에 해당되는 영어의 경우, 교과서가 아닌 일반 고전이나 창작 작품을 교재로 쓴다. 문법과 형식에 집중하는 우리 국어 수업과는 달리 미국의 영어 수업은 읽기와 쓰기가 주를 이룬다.

셋째, 수학교육은 사고력이 중심이다. 우리나라 수학은 무조건 많이 푸는 게 답이다. 아이들은 연필을 잡기 시작할 때부터 연산 학습지를 시작한다. 덕분에 초등학교 때까지는 그럭저럭 수학이 잘되던 아이들이 중학교에 가면 오락가락하는 경우가 많다. 왜일까? 기계처럼 연산하는 훈련은 잘돼 있지만 정작 개념을 이해하지 못했기 때문이다. 미국의 수학교육은 질문도 주관식, 풀이 역시 주관식이다. 어떻게 식을 세우고 답을 도출했는지 개념을 이해해야 점수를 받는다. 결국 수학은 수학적인 사고를 위한 것이라는 본연에 충실한 것으로 보인다.

넷째, 차등별, 능력별 수업을 실행한다. 미국은 같은 반 아이들이라 해도 각기 수준에 맞는 교재와 책을 읽는다. 수업에 잘 따라오지 못하는 아이들을 위한 보충반이 있는가 하면 영어에 익숙하지 않은 아이들을 위한 ESL수업도 있다. 특히 저학년의 경우 교사의 재질이 무척 중요해 보이는데 학생의 능력을 읽어내 그룹을 만들어야 하기 때문이다. 보통 한 시간에 여러 그룹이 다른 수업을 하기에 선생님 혼자 모든 아이들을 맡기란 불가능하고 이때 필요한 것이 학부모 자원봉사자다.

물론 미국 교육도 완벽하지는 않다. 자본주의의 끝판왕 나라답게 빈부 차이에 의한 교육 환경 및 질의 차이가 커 국가적 문제로 거론되고는 한다. 미국 교육이 무조건 좋다 찬양하고 한국 교육을 비난하려는 것이 아니다. 다만 돈이 많이 들어 아이 낳는 게 겁난다는 부모들의 한탄이 괜한 엄살은 아니며 그것이 '사교육비' 때문이라는 점을 볼 때 교육 제도를 개선해야 할 필요는 있을 것이다. 특히 사교육을 통해 읽기와 쓰기, 체육을 대체해야 하는 문제는 교육 당국이 적극 나서서 해결해 주기 바란다. 소득 상관없이 전 국민에게 나눠주는 지원금같이 생색내기 소비 대신 나라의 미래인 아이들의 교육을 위해 투자하는 게 국가를 위해 더 가치 있는 선택이 아닐까.

놀지 못하는 한국 아이들

"엄마, 나 오늘만 학원 안 가면 안 돼?"

둘째가 수심이 가득한 얼굴로 묻는다. 아이는 월요일, 수요일에는 수학 학원, 목요일에는 글쓰기 학원에 다닌다. 다른 아이들에 비해 많은 스케줄도 아닌데 영 부담스러운 눈치다.

"왜, 숙제 안 해서 그래?"

"아니야, 숙제는 했는데 틀린 거 다시 하려면 한 시간 더 있어야 될 거 같아서. 세 시간이나 앉아 있는 게 좀 힘들어."

"그래도 가야지. 버릇 돼. 정 힘들면 두 시간만 하고 와."

아이의 지친 얼굴을 보니 마음이 짠하다. 학교에서 돌아와 노는 시간도 없이 바로 학원 가방을 챙겨 나가는 아이의 뒷모습을 보니 지난 미국 생활이 떠오른다.

"엄마! 오늘 라일라네서 플레이 데이트해도 돼?"

학교 앞에 아이를 데리러 가면 잔뜩 신이 난 아이가 나를 보며 소리친다. 아이는 늘 방과 후 놀이 약속이 있다. 오늘은 라일라네서. 내일은 루시네서. 아이는 돌아가며 플레이 데이트를 잡느라 바쁘다. 한번은 도대체 뭐 하고 노는가 싶어 지켜봤더니 너른 잔디밭에 폐타이어 하나 덩그러니 있는 운동장에서 깔깔 대며 뛰어 놀았다. 놀거리도 없어 보이는데 뭐가 그리 재미있냐고 물었더니 그냥 친구들과 노는 게 즐겁다고 했다. 햇볕에 까맣게 그을린 아이의 표정이 너무나 행복해 보였던 기억이 난다.

미국에 있는 동안 아이들은 정말 원 없이 놀았다. 학원에 다니지 않는 것만으로도 아이들의 삶의 질이 높아진 것 같았다. 하루는 바다에서, 하루는 공원에서, 바닷가 모래에 구덩이를 파고 수건 위를 미끄럼처럼 타고 놀았다. 파도를 타고 모래성을 쌓으며 지치지도 않고 즐거워 보였다. 그저 곁에서 지켜보는 것만으로 기쁨이 가득 차올랐다. 아이의 행복한 얼굴을 바라보는 것만큼 즐거운 일이 또 있을까.

미국에 있는 동안은 학교에 가기 싫다는 말을 들어본 적이 없다. 학교에 가도 어려운 공부는 하지 않기 때문이다. 글을 읽고 발표하고 그림을 그리는 게 전부였다. 과학 실험은 언제나 흥미롭고, 수학은 쓸데없이 어려운 문제가 없었다.

5학년인 큰아이는 고학년에 속했지만 생활은 1학년 동생과 별로 다르지 않았다. 한국 아이들은 5학년부터 중학 수학을 배우느라 일주일에 서너 번은 학원에서 머리를 싸매지만 미국 아이들은 다르다. 큰아이가 받은 사교육이라고는 일주일에 한 번 소프트볼 연습과 테니스 수업, 오케스트라 때문에 받은 바이올린 개인 레슨 같은 예체능 과목이 전부였다. 방학 동안은 동네 커뮤니티 센터에서 농구를 배웠고 바닷가에서 친구들과 서핑을 배웠다. 학기 중에는 걸스카우트 활동에 열심이었는데 특히 5월에는 마트 앞에 큰 테이블을 펴고 오가는 사람들에게 쿠키를 팔았다. 미국의 걸스카우트 쿠키 세일은 전통이 오래된 행사라 인기가 많다. 애써 호객 행위를 하지 않아도 손님들이 다가와서 쿠키를 산다. 우리나라에는 없는 활동이라 아이는 무척 신기해하며 열심이었다. 부모들은 곁에 앉아 아이들의 모습을 지켜보지만 상황에 개입하지는 않는다. 철저히 보호자의 역할만 수행하고 아이들에게 이래라저래라 훈수 두지 않는 것이다. 봉사활동, 수행평가, 심지어 교우관계까지 거의 모든 일에 엄마가 영향을 미치는 우리네와는 사뭇 다른 분위기다.

2년 간의 미국 생활을 뒤로하고 한국으로 귀국한 뒤 아이들의 삶은 180도 달라졌다. 학교에서는 하루 꼬박 예닐곱 시간을 책상 앞에 정자세로 앉아 있어야 한다. 쉬는 시간은 짧고, 친구들은 학원 다니느라 바빠 함께 놀 시간이 없다.

한국 학교가 처음인 둘째는 초반에 적응하지 못해 애를 먹었다. 다시 미국에 가고 싶다고 졸랐다. 무엇보다 학원 수업이 부담스러운 눈치였다. 귀국한 지 어느 덧 2년 여의 시간이 흘러, 아이는 제법 우리나라 교육 시스템에 익숙해졌지만 여전히 노는 데 목말라 한다. 그나마 학원 셔틀버스를 기다리며 놀이터에서 노는 30분이 놀이 시간의 전부다. 방과 후 집으로 친구를 데리고 오라 해도 학원 때문에 서로 시간 맞추기가 쉽지 않다며 아쉬운 표정을 짓는다.

"모든 어린이는 충분히 쉬고 놀아야 한다."

유엔아동권리협약에 기재돼 있는 '아동의 권리' 중 하나다. 놀이는 아이의 본능이며 아이는 놀이를 통해 성장한다. 그러나 공허한 외침일 뿐이다. 아파트 단지마다 주인 없이 텅 비어 있는 놀이터를 볼 때마다 안타깝다. 땀 흘려 노는 대신 학원 버스에서 또 다른 학원 버스로 옮겨 다녀야 하는 아이들이 안쓰럽다.

04 모성을 강요하지 맙시다

나도 처음부터 아내는 아니었어

어느 날, 저녁상을 치우고 소파에 앉아 TV를 보려는데 남편이 말했다.

“뽀, 갑자기 라면이 먹고 싶네. 라면 좀 끓여줄래?”

저녁 잘 먹고 뒷정리까지 다 했는데, 무슨 라면이래.

“나 좀 귀찮은데, 직접 끓여 먹으면 안 돼?”

“나는 라면 잘 못 끓이는데. 네가 잘 끓이잖아.”

나, 원참. 누구는 라면 잘 끓이는 유전자를 타고났나? 따지고 보면 남편이나 나나 결혼 전까지 집안일에 경험이 없기는 매한가지였다. 남편은 학생 때 자취라도 해봤지, 나는 결혼

전까지 부모님 그늘 아래서 엄마가 해주는 밥만 먹고 살았다. 밥물은 어떻게 맞추는지, 양말은 어떻게 개는지, 처음부터 잘 알았던 게 아니었단 말이다. 비록 지금은 하루에도 몇 번씩 싱크대에 손을 담그고 사는 처지가 됐지만. 가끔 생각한다. 결혼을 하지 않았더라면 어땠을까?

정지민 작가의 책《우리는 서로를 구할 수 있을까》(낮은산, 2019)는 페미니스트임을 자처하는 작가가 쓴 결혼 생활과 사회적 현상을 버무린 남녀에 대한 책이다. 작가는 생물학적, 사회적으로 전혀 다른 동물인 남과 여가 함께 살며 겪는 다양한 갈등에 대해 리얼하고 심도 있게 묘사한다. 특히 인상적인 대목은 페미니스트임에도 불구하고 결혼을 해야 하는 이유 중 하나로 꼽은 '선순환'인데, 다음은 책 중 일부를 발췌한 것이다.

> "그러므로 나는 결혼을 앞둔 여성에게 두 가지 이야기를 한다. 우선 결혼할 상대를 보아도, 그의 가족을 보아도 영 답이 없는 것 같다면 결단을 내려야 한다. 아닐 것 같을 때는 감이 온다. 이 감을 믿어야 한다. 나의 직감을 부정하는 의지적인 생각(사랑으로 이길 수 있다거나, 살다 보면 나아질 거라거나)들을 밀어내야 한다. … 다른 한편, 변화할 가능성이 있는

남자라면 바꾸면서 살아가는 것도 나쁘지 않다. 함께 살아가는 평등한 사회의 시민을 내가 한번 양성해보는 것이다. 물론 앞에서도 말했듯이 가장 중요한 것은 안전이다. 가능성을 아주 신중하게 판단해야 한다. 여성들이 왜 이런 짐까지 져야 하는가. 물론 그런 의문이 들 수 있다. 그러나 남자들 스스로 깨닫기를 바라며 무작정 기다리기만 할 수는 없다. 내가 바꾼 남자가 또 하나의 남자를 바꾸고, 그 남자가 또 다른 남자를 바꾸고. 이런 선순환을 생각한다면 싹이 있는 남자를 바꾸어보는 것도 페미니스트 삶에 크게 위배되지 않는다고 본다."

이른바 싹수(?)가 있는 남자라면 결혼해 살면서 바꿔보는 것도 결혼을 해야 하는 이유라는 게 요지인데 썩 와닿는다. 나 역시 보수적인 남편을 만나 지난 십수 년간 함께해오며 크고 작은 갈등에 부딪혀왔다. 이를테면 명절에 시댁부터 가야 한다거나 라면은 당연히 여자가 끓여야 한다는 것 같은 소소한 일들이 대표적이다. 라면을 누가 끓이는 게 뭐 대수냐 할지 몰라도 여기서 중요한 건 단지 라면이 아니다. 남자는 주방일을 하면 안 된다는 (혹은 여자가 당연히 해야 한다는) 생각이 뿌리 깊이 박혀 있는 사람에게 남자도 라면도 끓이고 행주도 빨 수 있다는 사실을 알려주는 게 중요하다. 비단 남편뿐인가. 아들을 '괜찮은 남자'로 키워내는 것 또한 선순환의 일부일 것이다. 남녀의 역할을 구분 짓지 않고, 시가와 처가, 부부 간에 권력 관계를 만들지 않으며 착한 아들 역할에 매몰돼 좋은 남편이 될 기회를 잃지 않도록 키워내는 것. 그것이 아들을 가진 나의 사명이다.

아내가 된 지 어느 덧 15년 차, 만일 아내라는 직업에도 직급이 있다면 나는 대리쯤 되지 않았을까. 나이나 경력으로는 벌써 부장쯤 달았어야 하지만 몇 해째 승진하지 못하고 자리만 지키는 만년 대리. 아내라는 직업에서 임원쯤 되려면 어떤 능력이 필요할까? 향기 나게 빨래하기? 수건 빨리 접기? 남편이 원하는 저녁 메뉴 척척 해내기? 별로 구미가 당기지 않는다. 그냥 만년 대리로 은퇴할까 싶다.

나도 커서
뭐라도 되면 좋겠다

대학 졸업반 때부터 일을 시작했다. 전공이 두 개라 코스모스 졸업을 했는데 운 좋게도 5월에 취업이 된 것이다. 첫 직장은 인테리어 회사였는데 업무 강도가 실로 어마어마했다. 주말도 없이 일했지만 보람보다 아쉬움이 컸다. 이게 평생 내 일인지, 수없이 고민한 끝에 1년 만에 사직서를 내고 전혀 다른 분야인 방송사 아나운서에 도전했다. 요즘도 그렇지만 당시에도 아나운서가 되려면 최소 몇 년은 언론고시 준비를 필두로 다양한 스펙을 쌓아야 했다. 특히 방송사 아나운서는 카메라 면접을 위해 디자이너 브랜드의 정장을 구입하거나 고

가의 메이크업을 받는 것도 당연한 일이었다. 하지만 나는 방송 아카데미 수료 등 아나운서 준비생이라면 하기 마련인 과정을 밟지 못한 터라 별다른 정보 없이, 그야말로 '쌩으로' 입사 시험을 치렀다. 서류 전형, 필기시험, 카메라 1차, 2차, 최종 면접까지 셀프 메이크업에 동대문 제일평화에서 10만 원 주고 산 네이비색 바지 정장을 입었다. 화려한 지원자 중 단벌 신사였던 게 눈에 띄었던지, 면접관에게 "옷이 그것밖에 없냐"는 나무람 섞인 질문을 받기도 했다. 방송사 취업기에 대해 이야기할 때면 민망하기 짝이 없다. 보통 두세 번씩 하기 마련인 낙방 없이 한 번에 붙었기 때문이다. 비록 케이블 방송사였지만 아나운서 한 명 뽑는데 수천 명이 지원했으니 운이 좋았던 것은 부인할 수 없는 사실이다.

여기까지는 모든 것이 순조로워 보였다. 그러나 막상 일을 시작하니 이 또한 만만치 않았다. 나를 유난히 싫어했던 한 상사 때문이었다. 그는 실수라도 한 번 하면 "사장 백으로 입사했냐?"부터 시작해 온갖 인신공격성 험담을 퍼부었다. 화장실에 숨어 몰래 울기도 여러 번, 첫 직장을 괜히 그만뒀나 후회도 했다. 적어도 그곳은 몸은 힘들지언정 상처를 받지는 않았다. 그러나 주변의 만류에도 불구하고 호기롭게 이직한 주제에 쉽사리 포기할 수는 없는 노릇이었다. 누가 이기나 두고 보자, 독하게 마음먹고 출근하기를 무려 15년. 중간에 다른 회사로 옮기기는 했지만 줄곧 같은 분야에서 끈질기게 경력을 쌓으며 결혼을 하고 두 아이를 낳고 석사학위도 땄다.

셋째를 낳기 전까지, 나는 경제활동을 하는 사회인이었다. 두 딸을 출산할 때 앞뒤로 3개월씩 쉰 게 공백의 전부다. 지난 2018년 여름, 대학교수인 남편의 연구년에 맞춰 가족과 함께 미국의 대학으로 2년 동안 연수를 간 사이 (갑작스럽게) 셋째를 낳고 한국으로 돌아오기 전까지만 해도 그랬다.

귀국 후 현재까지 나는 무직 상태다. 그 어느 때보다 극한 노동에 시달리고 있지만 사회에서 가사와 육아는 직업으로 치지 않으니 실업자다. 동시에 구직자다. 아이가 좀 더 커서 어린이집에 가면 바로 일을 시작할 계획이기 때문이다. 말처럼 쉽지는 않을 것이다. 공백기가 길수록 재취업은 어렵다. 경단녀라는 말이 괜히 있겠나.

며칠 전 일이다. 초등학생인 둘째와 학교에서 숙제로 내준 진로 탐색 프로젝트를 하던 중 아이가 물었다.

"엄마는 커서 뭐가 되고 싶어?"

훅 들어온 물음에 잠시 멍해졌다. 예상치 못한 질문이었다. 가장 먼저 든 생각은 '아, 나는 직업이 없지'였다. 출근하지 않은 지 꽤 오래됐는데도 새삼스럽게 지금 무직 상태라는 사실

을 실감했다. 다음으로 든 생각은 과연 내가 다시 '뭐'가 될 수 있을까 하는 의문이었다. 언제라도, 때가 되면 다시 일을 시작하겠다고 마음은 먹고 있지만 이제 와 내가 과연 무슨 일을 할 수 있을까?

우리나라 기혼 여성 중 경력 단절 여성은 170만 명으로 여섯 명 중 한 명 꼴이다. 이유는 단연 육아가 1위. 이런 처지다 보니 비출산을 선언하는 '딩크족'이 늘어나는 것도 당연하다. 아이를 낳지 않기로 한 여성 18인을 인터뷰한 책, 최지은의 《엄마는 되지 않기로 했습니다》를 보면 한국 사회에서 여성이 당면한 출산과 육아라는 과제가 얼마나 무거운지 알 수 있다. 저자는 영화 〈먹고 기도하고 사랑하라〉 속 대사인 "살면서 내가 누구인지 아는 것만큼이나 내가 무엇이 될 수 없는지를 아는 것도 중요한 법이다"를 인용하며 비출산을 선택한 여성들의 결정이 100% 옳은 것이라 확신할 수 없지만 다른 무엇이 될 수 있다는 사실만으로 만족해야 한다고 말한다.

"뭐 그리 대단한 일을 하려고 여자가 돼서 애도 안 낳는대"라며 이들에게 손가락질하기 전에 일과 출산, 육아까지, 모든 것을 책임져야 하는 여성의 무게에 대해 한 번쯤 생각해보길 바란다. 국가 역시, 저출산 시대에 무조건 애 많이 낳으라는 캠페인보다 출산 및 육아로 인한 여성의 경력 단절에 대한 보다 실질적인 대책을 마련해주길 부디 소원한다.

내 나이 방년 마흔 넷. 나도 커서(?) '뭐'가 됐으면 좋겠다. 무언가를 시작하기에는 너무 늦었다고, 애가 셋이나 있는 아줌마가 뭘 할 수 있겠느냐고, 집에서 애들과 남편 보필하는 것도 중요하다고. 맞는 말이지만 그럼에도 불구하고 나는 엄마, 아내 말고 또 다른 무언가가 될 수 있다고 믿고 싶다.

둘째 딸은 말했다.

"엄마도 나중에 꼭 꿈을 이뤘으면 좋겠어."

그래, 작은딸! 우리 둘 다 열심히 한번 해보자. 너는 네 미래를 위해, 나는 내 미래를 위해!

모성을 강요하지 맙시다

괴테의 《파우스트》에는 이런 구절이 나온다.

"낮에 잃은 것들! 밤이여, 돌려다오!"

온종일 세 아이의 뒤치다꺼리를 하느라 종종거리다 모두 잠든 밤, 나는 밤에 피는 장미가 돼 다시 태어난다. 물론 막내를 재우다가 스르르 잠드는 날이 허다하지만, 어쩌다 말똥말똥 정신이 깨어 있을 때면 잃어버린 낮 시간의 자유를 되찾기 위해 나만의 등불을 켠다. 그것은 바로 넷플릭스. 낮에는 육아 때문에 보지 못하는 것들을 리스트업 해놓고 하나하나 풀어보는 즐거움은 지루한 일상의 유일한 오아시스다.

최근에 본 가장 기억에 남는 영화는 〈툴리〉다. 한동네 사는 동생이 마치 내 이야기 같다면서 추천해준 영화다. 혹시 못 본 분들을 위해 간략한 내용을 소개해본다.

주인공 마를로(샤를리즈 테론)는 아이 셋을 키우는 전업주부다. 그녀는 제 몸 돌볼 새 없이 하루 종일 아이들을 케어하느라 몸도 마음도 지쳐간다. 그런 마를로를 위해 오빠는 야간 보모 고용을 권유한다. 그녀는 오랜 고민 끝에 야간 보모 툴리(맥켄지 데이비스)를 부르기로 한다. 툴리는 홀로 삼 남매 육아를 도맡아 하면서 진이 다 빠져버린 마를로에게 "나는 아이만 돌보는 것이 아니라 당신도 돌보기 위해 왔다"고 말하며 지친 그녀의 보모 역할까지 도맡는다. 마를로는 툴리의 도움 덕분에 둘째 아이 학교에 가져갈 컵케이크를 굽기도 하고 어지러운 집 안을 말끔히 청소한다. 마를로는 툴리와 친구가 되며 점차 우울감을 해소하고 자아를 되찾게 되는데 영화 마지막에 큰 반전이 있다. 아직 영화를 보지 못한 이들을 위해 이는 아껴두기로 한다.

아름다움의 심벌인 배우 샤를리즈 테론은 역할의 리얼리티를 위해 살을 22킬로그램이나 찌웠다. 불룩 나온 배와 축 처진 가슴은 향수 광고 속 여신 같은 모습을 떠올리기 어렵다. 영화를 위해 이토록 리얼한 출산모의 모습을 구현했다니, 역

시 배우는 아무나 하는 게 아닌 듯하다.

영화 속 마를로는 셋째를 낳은 뒤 오로 배출을 위한 산모용 기저귀를 차고 매일 밤 두 시간마다 일어나 젖을 물린다. 지친 얼굴로 윗옷의 앞섶을 풀어헤친 채 의자에 기대 유축기로 젖을 짜내고, 우는 아이를 쫓아 허둥대다 애써 짜낸 모유가 담긴 젖병을 엎지른다. 어지러운 집을 돌아다니다 장난감 블록을 밟아 외마디 비명을 지르거나, 잠든 아이 얼굴 위로 휴대폰을 떨어뜨리는 장면에서는 마치 내 모습을 보는 것 같아 실소가 나왔다.

우리는 그동안 책과 영화, 그림 등을 통해 젖 먹이는 엄마의 모습을 평화롭고 아름답게 묘사해왔지만 실상은 다르다. 출산은 뼈와 핏줄이 뒤틀리고 터지는 고통 속에 이루어진다. 모유수유 역시 아름답기보다 처절한 노동에 가깝다. 수유할 때 엄마의 자세를 가까이에서 본 적이 있는가? 아기는 보통 가슴 한쪽당 15분씩, 30여분 동안 젖을 먹는다. 엄마는 그동안 한 팔로 아기를 안은 채 등을 구부리고 꼼짝없이 벌을 선다. 아기가 먹는 모습만 봐도 행복하지 않냐고? 아기가 예쁜 건 예쁜 거고, 등허리가 아픈 건 다른 문제다.

"엄마라면 당연히 그래야 하는 것 아니야? 그러니까 엄마지."

사람들은 육아의 고충을 '당연하다'는 말로 지워버린다. 그뿐인가. 갓난아기를 두고 출근하는 여성들은 하루 종일 '나쁜 엄마'라는 죄책감에 시달리고 반대로 가정을 택한 여성에게는 '능력 없는 엄마'라는 타이틀이 붙는다.

《정치하는 엄마가 이긴다》의 저자들, 자칭 '엄벤저스(엄마+어벤저스)'는 엄마들의 육아 노동을 '희생'이라 칭하며, "'금방 지나가. 어떻게든 이 악물고 버텨'라는 말이 격려가 되던 시대는 끝났다"고 말한다. 이들은 "엄마에게만 강요되는 육아 희생은 부당하다"며 "아이를 낳고 기르기 좋은 사회는 모두가 평등하고 공공성이 구현되는 사회"라고 주장한다.

한때는 워킹맘으로, 지금은 전업주부로 세 아이를 키우며 터득한 진리가 있다면 육아는 그 어떤 노동에 비교해도 결코 사사롭지 않다는 것이다. 특히 영유아의 돌봄 노동은 엄마에게 육체적으로 정신적으로 크나큰 손실과 부담을 준다. 엄마들은 자아실현과 경제적 자립은 물론 친구 관계나 문화생활 등 일상적 자유 또한 완전히 포기해야 한다. 아이가 어느 정도 자라 다시 일을 시작하려 할 때 맞닥뜨리는 재취업의 어려움 또한 부정할 수 없는 현실이다.

상황이 이렇다 보니 "결혼했는데 왜 애를 안 낳느냐?"는 친지 혹은 이웃들의 선 넘은 개입과 무례를 감당하며 비출산을 선언한 이들의 심정이 이해된다. 아이를 낳고 말고의 문제에 대해서는 부부 이외에 누구도 그것을 강요하거나 재단해서는 안 된다는 인식이 필요하다. 특히 아이를 직접 키우는 엄마의 결심 없이 부부가 아이를 갖는 것도 무책임한 일일 것이다.

분명 모성은 아름답다. 그러나 그에 따른 희생과 헌신 또한 있는 그대로 받아들였으면 좋겠다. 출산한 지 얼마 되지 않았는데도 몸매를 자랑하며 요가를 즐기고 보모에게 아기를 맡긴 채 친구들과 브런치를 즐기는 인스타그램 속 엄마들은 가짜다. 자동차 등받이를 발로 차며 짜증을 내는 아이를 차 안에 둔 채 고속도로 갓길에서 내려 미친 여자처럼 소리를 지르며 폭발하고, 밤마다 아이의 울음소리를 듣고 일어나기를 수십 번 반복하는 〈툴리〉의 마를로(남편은 옆에서 꿀잠)야말로 진짜다.

혹시 영화를 보는 내내 마음이 답답하고 불쾌한가? 인정해야 한다. 이것이 현실이다. 모성과 육아 노동이 아름답고 당연하며, 숭고한 것으로 미화되는 현실 또한 불편하다.

나라에서 준 보너스로 코트 사던 날

막내를 낳은 뒤로 경제활동을 하지는 않지만 매달 계좌에 일정 금액이 입금된다. 큰돈은 아니지만 나름 고정 수입이다. 다름 아닌 아동복지수당. 매달 25일 10만 원씩 지급되는 아동수당에 어린이집에 다니지 않는 아이들에게 지급되는 양육수당, 거기에 셋째부터 지급되는 수당까지 합하면 꽤 큰 액수다.

아동수당은 8세 미만 미취학 아동에게 무조건 지급되는 수당으로 매달 10만 원씩 현금 또는 양육 카드 포인트로 지급된다(지자체별 상이). 양육수당은 가정 보육을 하는 초등 입학 전 아이들에게 지급되는 것으로 연령에 따라 지급액이 다르다

(0~11개월 20만 원, 12~23개월 15만 원, 24~86개월 10만 원). 그러나 양육수당은 오직 가정 보육에만 지급되기 때문에, 유치원 혹은 어린이집을 간다면 주민센터에서 보육료 전환 신청을 해야 한다. 신청 이후에는 카드 회사(신한, 국민)에서 '아이 행복 카드'를 만들고 이를 통해 매달 보육료를 결제하면 된다. 2022년부터 새롭게 지원되는 영아수당도 있다. 0~23개월 아이에게 월 30만 원이 지급되는데, 특히 임신 시 100만 원, 출산 시 200만 원이 일시 지급된다. 단, 영아수당이 지급되는 동안은 양육수당이 지급되지 않는다. 다시 말해, 23개월(1세)까지는 영아수당(30만 원), 24개월(1세)에서 86개월(8세)까지는 양육수당을 받게 되는 것이다(이름도 복잡한 복지수당들의 종류와 금액은 지자체별, 연도별로 다를 수 있으므로 주민센터 또는 온라인 사이트 '복지로'를 참고하자). 뭐 이리 종류도 많고 복잡한가 싶겠지만 막상 아이가 태어나면 어렵지 않게 착착 계산이 될 것이다. 모름지기 줄 돈보다 받을 돈을 셈하는 게 더 쉽고 빠른 법이니 말이다.

우리나라에서 아이 하나를 키우려면 영유아부터 대학 등록금까지 약 4억 원 정도가 든다는 기사를 읽은 적이 있다(몇 해 전 기사이니 그새 더 올랐을지도 모르겠다). 큰 액수다. 그에 비하면 그깟 한 달에 몇십만 원이 대수냐고 할지 몰라도 없는 것보다 낫지 않은가. 매달 꼬박꼬박 입금되는 자녀수당 내역을 보면 괜히 든든하다.

얼마 전 우연히 텔레비전 채널을 돌리다 홈쇼핑 채널에서 눈길이 멈췄다. 캐시미어 코트 방송이었는데 쇼호스트는 격양된 목소리로 "지금이 바로 고급 코트를 사야 할 때"라고 외쳤다. 말인즉슨, 코로나 때문에 외출복 소비가 저조해 의류 회사에서 특별 할인을 시행한다는 것이다. 쇼호스트는 앞으로 절대 이 가격으로는 100% 캐시미어 코트를 구입할 수 없을 거라고 힘주어 말했다. 아이와 집에만 머무르는 처지에 코트를 차려입을 일도 없건만 솔깃한 생각이 들었다. 가만 보자. 60만 원짜리 코트를 12개월 무이자 할부로 사면 한 달에 5만 원 꼴, 양육수당 카드로 결제하면 딱 맞겠는데 싶었다.

휴대폰으로 주문을 하고 카드 번호를 입력하려는데 문득 저 아래 양심에서 외치는 소리가 들린다. "양육수당이 네 옷 사라고 있는 게 아닐 텐데? 이걸로 캐시미어 코트를 사도 되겠니?" 양육수당은 아이를 키우는 데 필요한 지출을 정부에서 지원하는 것이다. 기저귀나 분유, 장난감처럼 아이 용품을 위한 지원금이다. 그런데 그 돈으로 엄마의 사치품을 사도 되는 걸까? 그러나 한편 생각해보면 아이에게 필요한 건 분유나 기저귀보다 엄마의 육아 노동력이 가장 클 것이다. 그렇다면 엄마를 위한 쇼핑 품목도 양육수당의 큰 범위 안에 포함되는 게 아닐까?

꿈보다 해몽이라고, 이 같은 구구절절한 변명거리를 붙여가며 코트 값을 치렀다. 흥분된 마음으로 수일이 흐르고, 드디어 도착한 물건을 보니 과연 모질이 반지르르한 게 10년 이상은 거뜬히 입겠다 싶었다. 코트를 산 지 어느덧 3개월이 흘렀지만 막상 단 한 번도 입고 나간 적은 없다. 무릎까지 내려오는 블랙의 캐시미어 코트보다 엉덩이를 덮는 패딩이 아기와 외출하기에 훨씬 편하기 때문이다. 그럼에도 불구하고 옷장에 걸린 코트를 볼 때마다 흐뭇한 미소를 짓는다. 아이를 돌보느라 수고한다며 나라에서 준 보너스 같기 때문이다. 매일 허리와 손목이 나가도록 아이를 업고 어르지만 누구나 당연하게 여기는 육아노동. 나는 이따금 양육수당으로 받은 돈을 나를 위해 쓰는 것으로 보상하겠다고 결심한다. 내년 이맘때쯤, 혼자서도 제법 잘 걷는 아이 손을 잡고, 코트를 멋들어지게 차려입은 채 나서는 내 모습을 상상하며, 오늘도 허리에 아기 띠를 질끈 동여맨다.

커피, 리필되나요?

우리 집은 외벌이 가구다. 내가 막둥이를 낳고 돈 버는 일을 잠정 중단한 탓이다. 당연히 수입은 줄었지만 지출은 늘었다. 조그마한 아기 하나 태어났을 뿐인데 지출이 적지 않게 늘었다. 그래도 중2, 초4인 첫째 아이, 둘째 아이 교육비에 비할 바는 아니다. 영어, 수학, 국어 소위 주요 과목만 사교육을 시켜도 한 아이당 드는 비용이 만만치 않다. 매달 말 학원비를 지불할 때마다 굳이 이렇게까지 학원에 돈을 바쳐야 하나 싶다가도 나만 안 시켰다가 우리 아이만 도태되면 어쩌나 하는 걱정에 눈을 질끈 감고 카드를 긁는다. 상황이 이렇다 보니 나

를 위해 쓰는 돈은 마지막 순서가 된다. 돈을 벌 때는 밖에서 마시는 커피 한 잔, 당장 필요하지 않아도 예뻐서 사는 구두 한 켤레 정도는 크게 고민할 일이 아니었지만 이제는 다르다.

내가 중학생일 무렵, 엄마는 백화점에 가면 늘 내 옷이나 아빠 옷만 고르고 정작 자기 옷은 심드렁히 쳐다보지도 않았다. 내가 고등학교에 다닐 즈음, 엄마가 지금 내 나이였으니 한창 젊고 꾸미는 데 관심이 많았을 텐데 티셔츠 한 장 허투루 사는 일을 못 봤다. 내가 엄마 옷도 좀 구경하라고 하면 "나는 입고 갈 데도 없는데 뭐. 니 거나 사"라고 말하던 엄마의 마음이 이제야 이해된다.

요즘은 저가 커피숍을 애용한다. 사실 내 입맛에는 거기서 거기라 그저 양 많고 싼 커피가 제일이다. 카페인만 듬뿍 들었다면 뭐가 됐든 상관없다. 며칠 전의 일이다. 막내를 친정 엄마에게 잠시 맡기고 오랜만에 큰아이 유치원 친구 엄마를 만났다. 그녀는 현직 고등학교 교사로 아이들이 같은 또래라 가끔 만나 일상을 나누곤 한다. 아이 친구 엄마 중에도 말이 통하는 이들이 몇 있다. 일하느라 바빴을 때는 가능하면 아이 친구 엄마들을 멀리하려 노력했는데 돌아보면 모두 불필요한 일이었다. 적어도 내가 손해 볼 일은 없는 관계였을 텐데. 그러고 보면 '그런 줄 알았는데 실제로는 안 그런' 일이 참 많다.

우리가 만난 곳은 동네의 작은 카페였다. 볕이 들어오는 위쪽 벽에 큰 창을 내 자연광을 살리고 가운데는 커다란 화병에 꽃을 꽂아둬 마치 고급 호텔 로비를 연상시켰다. 굳이 메뉴판을 들여다보지 않아도 커피값이 비쌀 것은 분명했다. 역시 아메리카노가 5천 원, 카페라테가 7천 원이었다. 평소 즐기던 커피보다 값나가는 커피였지만 겉으로는 아무렇지 않은 척 주문하고 자리에 앉았다.

아이 친구 엄마와 학원 얘기, 학교 얘기, 사춘기 딸내미 얘기로 수다가 길어지고 이쯤 되면 목을 더 축여야 할 것 같은 느낌이 드는 찰나, 마침 곁을 지나가는 점원에게 물었다.

"혹시 커피 리필되나요?"

왜 그런 질문을 했는지 모르겠다. 요즘에도 커피 리필이 되는 카페가 있는지 나는 잘 모른다. 몇 년간 아이와 집에서만 머무르며 어엿한 식당이나 커피숍은 가본 지 오래였다. 점원은 옅게 웃으며 "리필은 없습니다. 새로 주문하셔야 해요"라고 잘라 말했다. 순간 조금 부끄러운 기분이 들었다. 어쩌면 커피가 리필이 될 수도 있다고 생각한 건 첫째, 커피값이 내가 먹던 것보다 비쌌기 때문이었고 둘째, 새로 커피를 주문하기는 어쩐지 돈이 아까웠기 때문이 아닌가. 어쨌거나 커피를 새로 주문해야 하는 그 짧은 순간에 돈 몇천 원이 아까워 고민하고 있었던 것이다.

눈치 빠른 아이 친구 엄마는 점원의 답이 끝나기 무섭게 얼른 자리에서 일어나 지갑을 챙겨 들고 말했다. "두 번째 커피는 내가 살게요." 나는 허겁지겁 그녀를 만류하면서 지갑을 찾아 들었지만 이미 한발 늦었다. 괜히 리필 얘기는 꺼내서 커피를 얻어 마시게 된 것이다.

사실 커피를 누가 사든 상관없다. 사실 커피값 몇천 원 못 낼 형편도 아니다. 그저 요즘 내 머릿속에는 어떻게 하면 조금이라도 허튼 지출을 막아볼까 하는 생각이 가득하다. 그것이 생각으로만 머무르면 좋은데 이런 결정적인 순간에 입밖으로 튀어나와 남들에게 들켜버리고 마는 것이다. 남편은 이렇게 아등바등 아끼는 모습을 싫어한다. 뭘 그렇게 쪼잔하게 사느냐고, 짠돌이처럼 굴지 좀 말라며 눈치를 준다. 따지고 보면 돈 몇천 원이 가계에 대단한 영향을 주는 것도 아닌데 나는 왜 이렇게 궁색하고 찌질한 아줌마가 돼가는지.

커피를 리필해주는 카페들은 모두 어디로 갔을까? 문득 카페인이 몹시 당긴다.

뚱뚱한 게 뭐 어때서

셋째를 임신하고 15킬로그램이 늘었다. 출산 후 10킬로그램 정도가 빠졌고 나머지는 원래부터 내 몸이었던 것처럼 군데군데 남았다. 반면 나와 비슷한 시기에 아기를 낳은 TV 속 연예인들은 하나같이 원래의 몸으로 돌아왔다. 나와 비슷하게 출산을 한 방송인 한 명은 요즘 요가를 하는데 언제 배가 불렀나 싶게 가느다란 몸을 자랑한다. 노산 핑계도 안 먹히는 것이, 그녀는 나와 동갑이다.

요즘 인스타그램 등 SNS가 유행하면서 '날씬한 임산부'의 모습이 주목받고 있다. 미디어에서도 팔, 다리 등 배를 제외

한 곳은 바싹 마르고 배만 동그랗게 나온 임산부의 모습을 아름다운 D라인이라며 칭송한다. 연예인들이 출산 후 빠른 시간 안에 예전의 모습을 찾는 것은 높이 평가한다. 하지만 많은 임산부들이 이들의 모습과 자신을 비교하며 우울해하거나 다이어트에 조바심을 낸다.

임신, 출산과 함께 살이 찌는 건 자연의 이치다. 나만 해도 납작했던 배가 고무풍선처럼 불어났다 꺼지기를 무려 세 차례. 예전과 같은 모습을 바라는 건 무리다. 보통 출산 후 6개월 정도가 산후 다이어트의 골든타임이라고 하는데 막상 이 시기는 모유수유 때문에 절식도 쉽지 않다. 육아를 위해서는 엄청난 양의 에너지가 필요하다. 대신 아기를 봐주는 사람이 있다면 모를까, 신생아를 키우며 굶거나 운동을 하는 일은 불가능에 가깝다.

미국에 살 때 인상 깊었던 것 중 하나는 체격이 큰 사람들도 몸에 딱 붙는 요가 팬츠나 스키니진을 즐겨 입는다는 것이다. 처음에는 좀 어색했다. 우리나라에서 푸짐하게 나온 뱃살을 딱 붙는 크롭티와 레깅스로 드러낸 여성이 있다면 주위로부터 못마땅한 시선을 받을 게 뻔하다. 아마 뒤에서 수군수군할 것이다.

"저 여자 궁둥이 좀 봐. 무슨 자신감이래."

그러나 미국 사람들은 남의 눈을 신경 쓰지 않고 자기 스타일대로 옷을 입는다. 배가 나왔든 엉덩이가 크든 자신 있게 드러내고 거리낌 없이 걷는다. 그 모습을 불편하게 바라보는 사람이 오히려 이상하게 느껴질 정도다. 셋째를 낳고 예전 같지 않은 매무새를 한탄하는 내게 미국인 친구가 말했다.

"지금 농담하니? 너는 지금 충분히 아름다워. 네 배 속에서 새 생명이 태어났잖아. 믿어지니? 너의 몸은 누구와 비교할 수 없이 자연스럽고 아름다운 굴곡이 있어. 그걸 부끄러워하지 마."

무조건 마른 몸이 아름답다고 생각한 강박증이 부끄럽게 느껴지는 순간이었다. 출산 후 다이어트에 목을 맬 필요가 있을까? 좀 뚱뚱하고 배가 나오면 어떠리. 더 큰 사이즈의 옷을 입으면 되지. 모든 사람은 그 나름의 아름다움을 가진다. 55 사이즈가 미의 기준은 아니다.

우리는 흔히 다이어트를 '자기 관리'라는 말로 묶어 꾸짖곤 한다. 살이 찐 사람들에게 "자기 관리도 못한다"면서 게으른 사람 취급한다. 자기 관리는 비단 몸에만 국한된 것은 아닐 것이다. 마음을 수양하고 지식을 쌓는 것 역시 관리의 일종이다. 건강한 몸을 유지하는 것도 중요하지만 무조건 마른 몸을 위해 무리한 다이어트를 하거나 스트레스를 받을 필요는 없다는 뜻이다.

요즘 나는 건강을 위해 소식을 하고 있다. 설탕과 밀가루가 든 간식도 줄이고 야식도 끊었다. 이로 인해 체중 감량의 효과도 얻지만 그것이 궁극의 목적은 아니다. 더 이상 TV 속 연예인들과 나를 비교하는 어리석은 일은 하지 않을 것이다.

영화 〈먹고 기도하고 사랑하라〉에서 주인공 리즈는 다이어트 때문에 피자를 먹지 않겠다는 친구에게 이렇게 말한다.

"이제 그만할래. 아침마다 전날 먹은 거 생각하며 머리 쥐어뜯고 칼로리 계산하며 샤워하는 것도 싫어. 이젠 막 먹을래. 살찌겠다는 게 아니고 구속을 벗어나려고. 이렇게 하자. 이 피자 다 먹고 축구를 보고, 내일은 데이트를 하고, 사이즈가 더 큰 바지를 사는 거야."

옷이 안 맞으면 큰 옷을 사면 된다니. 얼마나 속 시원한 말인지. 이 언니 정말 내 스타일이다!

내게도 산후우울증이 찾아왔다

아이가 얼마 전 돌을 맞았다. 식탁 위에 떡과 과일을 소소하게 올리고 아이에게 한복을 입힌 뒤 다섯 식구가 조촐하게 막내의 첫 생일을 축하했다. 돌 사진을 인스타그램에 올리자 많은 이들이 축하의 댓글을 달아줬다. 이럴 때는 SNS가 있어 얼마나 다행인지. 코로나로 직접 얼굴을 보는 일은 줄었지만 사이버 공간에서나마 서로의 일상을 공유하고 기쁨과 슬픔을 나눌 수 있기 때문이다.

댓글 중에는 "애가 벌써 돌이냐?"는 인사가 가장 많았다. 남의 애는 빨리 큰다더니, 다들 1년이 눈 깜짝할 새 지났다며

신기해했다. 나에게는 길고도 지루한 1년이 그들에게는 몇 개월처럼 느껴진 모양이다. 막내가 태어난 순간이 마치 어제처럼 눈에 선하지만 단연코 그때가 얼마 전 일처럼 생각되지는 않는다. '어차피 코로나로 모두 집에 머물러야 할 시기에 신생아를 돌보는 것이 오히려 다행'이라는 자위도 잠시 뿐, 말 못 하는 아이와 24시간을 집에 갇혀 생활하는 건 결코 행복한 일만은 아니다. 하루에도 몇 번씩 감정이 널을 뛰었다. 아기가 이뻐서 못 견디겠다가도 아이 때문에 주저앉은 것 같아 원망스러웠다. 출산으로 불어난 몸도 보기 싫었고 여기저기 아픈 몸도 불편하기 짝이 없었다. 내 생활은 하늘과 땅처럼 바뀌었는데, 일상에 아무런 변화가 없는 남편이 미웠다. 왜 나만 희생해야 하나, 억울했다. 이 무렵 우리 부부는 자주 다퉜다. 아마 남편도 답답했을 것이다. 셋째가 생긴 것은 그 역시 예상치 못한 일이었으며 나에게 떨어진 육아의 부담 역시 그의 죄는 아니었다.

아이는 하루 중 열 시간은 자고, 한 시간은 먹고, 나머지 시간의 대부분은 울고 보챘다. 혼자 노는 때도 있지만 그건 찰나에 가깝다. 나의 하루는 아이를 먹이고 재우고 씻기는 것 외에 책을 읽어주거나 장난감을 흔들거나 때론 팔이 빠지도록 안고 흔드는 것으로 채워진다. 아이는 덕분에 내 껌딱지가 됐다. 이제는 엄마가 없으면 먹지도 자지도 않는다. 나는 여지없이 아이에게 딸린 별책 부록 신세가 됐다.

아이는 내가 화장실에 가는 시간도 허락하지 않는다. 예전에 큰 아이들을 키울 때 한 친구가 비슷한 얘기를 한 적이 있다. "나는 똥 눌 때도 애를 안고 누잖아." 농담인 줄 알았다. 아무리 그래도 무슨 애를 안고 볼일까지 볼까 싶었다. 아이는 엄마가 잠깐 화장실을 간 새도 못 참고 울었다. 아이를 잠시 울게 내버려 둬도 될 텐데, 이상하게 그게 참을 수 없이 괴로웠다. 그래서 한동안은 주로 고무줄 바지만 입었다. 재빨리 내리고 올릴 수 있기 때문이다. 아이는 변기에 앉아 힘을 주는 순간에도 늘 내 옆에 꼭 붙어 있었다.누군가가 지켜보는 가운데 볼일을 보기는 또 처음이었다. 샤워 역시 마찬가지였다. 아이는 샤워를 하는 내내 부스 밖에 앉아 나를 바라봤다. 머리에 샴푸질을 하면서도 이를 닦으면서도 아이에게 계속 말을 걸었다.

"엄마, 다 했어. 금방 끝나. 곧 나갈게."

어쩌다 큰 아이들 학업 문제로 선생님과 통화라도 하려면 옆에서 울고 보채는 아이 때문에 5분을 넘기기 어려웠다. 아이는 내가 다른 일을 하는 꼴을 못 보았다. 상황이 이렇다 보니 약속을 잡는 것은 당연히 어려웠다. 어쩌다 병원 진료 때문에 엄마에게 아이를 맡겨야 할 때면 울고 자지러지는 통에 대문을 나서기 어려웠다. 바깥에서 볼일을 보면서도 집에서 울고 있을 아이 걱정에 발걸음을 재촉했다.

집에 갇혀 지내는 기간 동안 유일한 소통 창구는 인스타그램이었다. 아기가 자거나 잠깐이라도 혼자 놀 때면 휴대폰을 열어 지인들은 무슨 일을 하는지, 누구를 만나는지, 어느 곳에 가는지 둘러보았다. 그런 뒤에는 꼭 상실감이 몰려왔다. 나만 뒤처지는 것 같았다. 아이와 24시간을 집 안에서 갇혀 있는 동안 사람들은 자유롭게 세상을 누리고 있었다. 사소한 일에도 짜증이 나고 사는 게 재미없게 느껴졌다. 다음 날 눈을 뜨는 게 괴로웠고 틈만 나면 침대에 누워 자고만 싶었다.

세 번의 출산을 했지만 산후우울증•이 생긴 건 이번이 처음이었다. 이전에는 없던 일이다. 그땐 젊었고 무엇보다 일이 있었다. 출산 한 달 만에 아기를 엄마에게 맡기고 출근하기 바빠 우울증 따위가 자리할 틈이 없었다. 어쩌다가 늦둥이를 얻

• **산후우울증** 출산 여성 12~13%가 겪는 병으로 아기를 낳고 4주 전후에 나타나 1년까지도 지속된다. 산후우울증을 출산 후 85%의 여성에게 나타나는 산후우울감과 혼돈해서는 안 된다. 산후우울증은 산후 우울감과 달리 조기에 적절한 치료를 하지 않고 방치하면 정신건강의학과에 입원을 해야 할 정도로 심해질 수 있다. 가정생활에 저해 요소가 되며, 아기의 정서적, 인지적 발달에도 부정적인 영향을 끼칠 수 있으므로 조기 발견과 치료가 필요하다. 출처 : 〈에딘버러 산후우울 척도 검사〉

어서 내 신세가 이리 됐을꼬. 아무 잘못 없이 천진하게 웃는 아이에게 공연히 미움의 화살이 꽂힌다. 산후우울증 극복을 위해 요즘 매일 아침마다 '마음 다스리기 노트'를 적기 시작했다. 질문은 총 여섯 개다.

1. 오늘 나는 무엇에 감사할까?

   What am I grateful for?

2. 오늘 나는 누구와 만나고 이야기 나눌 것인가?

   Who am I checking in on or connecting with today?

3. 내가 오늘 놓아버려도 좋을 일상은 무엇이 있을까?

   What expectations of 'normal' am I letting go of?

4. 오늘은 무슨 일로 밖으로 나가볼까?

   How am I getting outside?

5. 오늘 나는 어떤 운동(가벼운 산책 등)을 할까?

   How am I moving my body?

6. 아름다움을 가꾸기 위해 어떤 노력을 해볼까?

   What beauty am I either creating, cultivating, or inviting in?

위의 질문은 '코로나 격리 시대에 스스로에게 매일 던지는 여섯 가지 질문(Six Daily Questions to Ask Yourself in Quarantine)'이라는 브룩 앤더슨의 칼럼 속 질문이다. 언젠가부터 매일 아침 이 여섯 가지 질문에 대한 답을 노트에 적기도 하고 입으로 되뇌면서 하루를 시작한다. 덕분에 생각보다 감사할 일도, 아직 주변에 사람도 많구나, 느낀다. 나는 고립된 게 아니라 아이와 함께라서 외롭지 않다고 생각한다. 외출하지 않아도, 약속이 없어도, 안팎의 아름다움을 가꾸기 위해 노력할 거리를 만들고 작은 변화에 감사한 마음을 갖게 된다. 이 간단한 루틴이 일상에 큰 변화를 가져온 것이다.

아이가 어린이집에 가기까지 1년 여의 시간이 더 남았다. 아이는 곧 혼자 걷고 말도 할 것이다. 날이 좋으면 아이 손을 잡고 공원을 걷는 날도 있을 테고 아이 혼자 노는 시간도 길어질 것이다. 오늘도 나는 침대 옆에 붙여둔 포스트잇 속 질문에 답하며 하루를 시작한다.

"나는 지금 낭비하고 있는 것이 아니다. 그러므로 나는 지금도 성장할 것을 믿는다."

아빠데이,
프리데이

“산이가 크면 농구도 하고 테니스도 쳐야지. 같이 캠핑도 가고 야외에서 실컷 뛰어 놀아야지!”

그동안 같은 성을 가진 아이가 태어나기를 기다려왔다는 듯 남편은 막내가 태어나자 같이할 것들을 읊으며 흥분했다.

“남자애라 운동 좋아하겠지? 솔이 진이는 운동을 안 좋아하는데, 산이랑은 진짜 같이할 게 많겠다.”

열변을 토하는 남편에게 넌지시 말했다.

“애가 꼭 커야만 같이할 수 있나? 지금부터 하면 안 돼?”

아이가 두 돌쯤 되자 몸 쓰는 게 자유로워졌다. 가까운 거리

는 유모차 없이 잘 걷고 잘 뛴다. 물론 중간에 안아달라고 해 문제긴 하지만. 힘도 제법 세져서 밀고 당기는 것도, 공을 던지고 차는 것도 가능해졌다. 농구도 축구도 슬슬 시작할 수 있을 텐데, 남편은 자꾸 '아이가 더 크면'이라는 말을 덧붙인다.

아이가 자라면 정작 아이는 늙은 아빠와 놀고 싶지 않을 지도 모르는데, 남편은 그건 모르는 모양이다. 얼마 전 열다섯 살 된 아들과 농구를 하다 숨이 차서 죽을 뻔했다는 친구 이야기에, 막내가 열여섯이 됐을 때 남편 나이를 셈하고는 생각했다. 그때 무리하게 뛰었다간 진짜로 숨이 넘어갈지도 모르겠다고.

인생에서 흔히 하는 실수 중 하나는 지금 해도 될 일을 다음으로 미루는 것이다. 나중에 시간 나면 운동해야지, 영어 공부해야지. 돈 벌면 불우이웃을 도와야지, 효도해야지. 미루고 미루다, 결국은 시간도 기회도 잃고 난 뒤 진작 할 걸 후회한다.

"어떤 아빠는 산이 나이의 애 데리고 등산도 하던데. 산이 더 클 때까지 기다리지 말고 일단 한번 나가보지 그래."

은근한 성화에 못 이긴 남편은 결국 주섬주섬 기저귀 가방을 챙겼다.

"너도 같이 가면 안 돼?"

"아니야, 아들과 단 둘이 시간 좀 보내봐. 남자끼리 뭉치는 거야! 신나지 않아?"

남편은 못내 불안한 표정을 지으며 아이를 데리고 현관문을 나섰다. 아이 셋 아빠인 것이 무색하게, 그간 남편 혼자 아이를 본 일은 손에 꼽는다. 그동안 본인 일이 워낙 바빴던 탓도 있지만 무엇보다 친정 엄마가 육아에 우선 순위를 맡아주신 덕분이다. 그러나 그때와 달리 이제 남편에게도 제법 시간적 여유가 생겼다. 더 이상 육아에서 열외될 핑계는 없다.

남편과 아이가 나간 지 한 시간, 두 시간, 연락이 올 때가 됐는데…. 조용한 것이 왠지 불안하던 차, 카톡이 울렸다. 아이 사진과 함께 온 짧은 메시지. "아쿠아리움에서 노는 중. 저녁까지 먹고 갈게." 염려와 달리, 아이는 엄마도 찾지 않고 잘 놀고 있다는 말에 안도의 한숨을 내쉬었다. 애가 아빠와 있는데 뭐가 걱정이냐, 유난스럽다 싶겠지만 앞서 두 아이를 키우며 기저귀 갈고 우유 먹이는 것 한번 제대로 해본 적 없는 초보에 가까운 아빠였기 때문이다. 요즘 젊은 부부들이 들으면 기함을 할 일이다. 셋째 덕분에 늦게나마 육아의 세계에 발을 들여놓은 셈이다.

남편과 막내의 첫 데이트는 성공적이었다. 둘은 늦도록 밖에서 시간을 보내며 부자간의 애정을 다진 듯 보였다. 집이든

밖이든 내 발 아래에만 붙어 다니던 아이가 아빠를 찾기 시작한 것도 이 무렵부터다. 요즘은 매주 적어도 한 번, 정기적으로 남편과 막내는 둘만의 시간을 보낸다. 아이는 "아빠랑 물고기 보러 빵빵 갈까?" 소리에 마치 산책 가자는 소리에 반응하는 강아지처럼 신이 나서 뛰어나간다. 아쿠아리움, 공원, 탄천, 동네 빵집, 백화점, 갈 수 있는 곳은 도처에 널려 있다.

아빠 육아가 아이의 인지 및 감성 발달에 긍정적인 영향을 미친다는 것은 이미 여러 연구를 통해 증명됐다. 《0~3세, 아빠 육아가 아이의 미래를 결정한다》를 보면 아빠의 양육 참여가 아이의 뇌 발달에 얼마나 지대한 영향을 미치는지 알 수 있다. 특히 애착 육아의 핵심인 유대감은 아이의 지능뿐 아니라 행동 발달 등에도 큰 영향을 미친다. 책에서는 많은 아빠가 아이가 어릴 때는 함께 놀아주는 데 한계가 많다고 생각해 아이가 자라면 시간을 함께 보내겠다고 다짐하지만 이는 잘못된 생각이라고 지적한다. 유대감은 만 3세 이전에 형성되기 때문이다.

무슨 일이든 시작이 어려운 법이다. 일단 한번 해보면 그 뒤로는 쉬워진다. 아빠가 아이를 도맡은 덕분에 누리는 엄마의 자유 시간은 요샛말로 '개이득'이다. 잠시라도 육아에서 해방되는 어른의 시간은 전업주부라면 반드시 누려야 할 필수 항목이다.

"일주일에 한 번 아빠데이로 엄마에게 자유를!"

현수막이라도 만들어 고속도로 진입로에 걸어놓을까 보다.

나를 위한 하루 10분, 전화 영어를 시작하다

매주 토요일 오전 9시, 샌디에이고에 사는 친구와 한 시간 동안 줌 미팅을 한다. 대단한 건 아니고 서로의 근황을 얘기하며 수다 떠는 시간이다.

그녀를 처음 만난 건 2018년 미국 대학에서였다. 2년 동안의 미국 생활에서 수많은 인연을 만났지만 그녀와의 만남은 조금 특별하다. UCSD에서는 외국에서 온 연구자와 학생들을 위한 다양한 제도가 있는데 그중 CL(Communication Leader)은 미국에 온 외국인에게 현지 친구를 소개해주는 프로그램이다. CL은 외국인 학생(혹은 연구자)을 주기적으로 만나 언어뿐 아니라 미국 문화 등에 대해 알려준다. 좋아 보이지만 이것도 실은 케바케(케이스 바이 케이스)여서 얘기가 통하고 잘 맞는 사람을 만나면 좋지만 그렇지 못하면 몇 번 만나다가 흐지부지 돼버리는 경우가 허다하다. 내 경우는 운이 좋아서 여러 면에서 훌륭한 CL을 만날 수 있었다.

그녀는 나보다 나이가 열두 살쯤 많고 메디컬 대학 교직원으로 근무한다. 두 번 이혼했고 현재는 싱글이며 대학 졸업반인 딸이 하나 있다. 독립적이고 합리적인 사고를 가진 페미니스트라는 것도 그녀의 큰 매력 중 하나다. 우리는 처음 만난 순간부터 이야기가 잘 통했다. 그녀는 내가 두 아이를 낳고 기르면서도 일을 손에서 놓지 않고 지금껏 고군분투해온 것을 높이 샀다. 나는 그녀가 자식이나 남편에게 의지하지 않고 일에 매진하며 멋지게 나이 드는 모습을 존경한다. 우리는 만날수록 서로 다른 언어와 환경, 문화 속에서 자랐지만 여성의 지위와 역할에 대해 같은 고민을 하는 것에 탄복했다. 2020년 초, 당시 미국의 코로나 상황이 심각해지면서 우리 만남은 온라인으로 자연스럽게 옮겨졌고 현재까지도 이어지고 있다. 요즘도 매주 토요일 오전(미국 시간으로 금요일 오후)에 우리는 줌으로 만난다. 일주일 간 있었던 서로의 근황부터 재미있게 본 드라마 시리즈, 미국과 한국의 정치, 사회 이슈 등 다양한

주제로 이야기를 나눈다.

주말마다 미국인과 대화를 나눈다니 영어가 능숙한 것처럼 들리지만 사실 많이 부족하다. 다만 영어를 잘하고자 하는 열망은 누구보다 높아서 미국에 살던 2년 동안 우리말과 글을 모두 차단했다. 한국 TV 프로그램이나 인터넷 포털은 아예 접속하지 않고 오직 미국 TV와 팟캐스트, 라디오, 신문만 읽었다. 심지어 노트북과 휴대폰도 모두 영어로 설정을 바꿨는데 이 때문에 급할 때 곧바로 해결할 수 없어 불편을 겪기도 했다.

모든 것이 하루 빨리 영어를 익히기 위해서였다. 특히 듣기 연습을 위해 미국 드라마를 수십 번씩 보고 스크립트를 구해 외우다시피 했다. TV 드라마에는 실제 미국 생활에 쓰는 다양한 표현이 많아 유용했다. 실생활 속 리딩 스킬을 높이기 위해 각종 온라인 스토어에 가입해 광고 메일을 구독하고 빠짐없이 읽었다. 부동산, 패션, 식품, 식당 등 온갖 종류의 광고 메일이 그렇게 반가울 수 없었다. 광고는 다양한 분야의 일상 영어를 담고 있기 때문에 영어 공부에 효율적인 도구가 된다.

책을 읽고 영화를 볼 때 모르는 단어가 나오면 바로바로 휴대폰으로 검색해 노트에 기록했다. 책에 나오지 않는, 현지인들이 자주 쓰는 숙어와 구문은 따로 적어 외웠다. 그렇게 하다

보니 2년 동안 A4 사이즈의 스프링 노트 세 권과 작은 노트 두 권을 빼곡히 채운 나만의 단어장이 만들어졌다. 수능을 준비하던 고3 때도 이렇게 열심히 공부했던 것 같지는 않은데, 역시 당장 살아야 하니 못할 게 없다.

그러나 이 같은 노력에도 불구하고 영어는 생각만큼 늘지 않았다. 물론 처음에 비하면 장족의 발전이었지만 기대한 것에는 한참 모자랐다. 연수 떠나기 전에는 한국에 돌아올 때면 팝송 가사 정도는 술술 들리겠거니 생각했는데 이 얼마나 어리석은 바람이었는지 새삼 깨닫는다. 언어를 배우는 일은 무척 어려운 일이다. 가끔 TV에서 한국말이 유창한 외국인들을 보면 그들이 했을 엄청난 노력이 느껴져 존경의 감탄사가 절로 나온다.

한국에 돌아온 뒤 영어로 말할 기회가 없다 보니 공부의 한계가 느껴져 최근 전화 영어를 시작했다. 일주일에 두 번, 한 번에 20분씩 수업한다. 20분뿐이라 해도 준비하는 데 오랜 시간이 걸린다. 수업 전에 대화할 내용을 숙지하고, 요약하고, 예상 질문에 대한 답을 준비해야 한다. 모르는 단어를 암기하는 것도 필수다. 매주 화요일과 목요일 20분의 전화 수업을 위해 아이가 낮잠을 자는 시간에 스크립트를 읽는다. 작은 것들이 모여 변화를 만들 수 있다는 건 마흔 하고도 네 해를 살며 자연스레 터득한 이치다.

독박 육아 중 개인 시간을 갖는 것은 어려운 일이다. 친구를 만나거나 영화를 본 게 도무지 언제인지 모르겠다. 그렇다 보니 오롯이 나를 위한 시간이 늘 고프다. 전화 영어 수업을 시작하며, 단 몇 분이라도 일주일에 두 번, 온전히 나를 위한 시간을 쓰고 있다고 생각하면 꽤 위안이 된다. 낮 시간을 이용하면 수업료도 비싸지 않은 데다 고정적으로 대화할 대상이 있다는 것도 장점이다. 혹시 하루 종일 아이와 있는 시간이 아깝게 느껴진다면, 나를 위한 하루 20분 전화 영어를 강력 추천한다.

중년,
아직 늦지 않았다

"이제 내 나이 마흔둘. 별안간 시간이 빛의 속도로 흐르고, 요즘 유행하는 음악에 아무 감흥을 느낄 수 없다. 배가 나오기 시작하고 이곳저곳이 쑤시고 결린다. 그리고 갑자기 스포츠카가 생겼다. 대체 무슨 일이 일어나고 있는 것일까?"

《중년의 발견》(청림출판, 2013)은 이와 같은 저자의 고백으로 시작된다. 저자 데이비드 베인브리지는 영국의 유명 논픽션 작가이자 생물학자로 이 책은 중년이라는 시기를 철저히 과학적 관점에서 분석한다. 책에 따르면 중년은 동물 중 오직

인간만이 가지는 시기로 신체적으로 노화하고 퇴화하는 때가 아닌 사회적, 정신적, 육체적 세계가 변화하는, 이른바 새로운 삶의 국면으로 들어가는 시기라고 한다. 보통 중년을 감퇴, 퇴화 등 부정적 시선으로만 보는 것과는 사뭇 다른 얘기다. 중년의 뇌는 일생에서 가장 생산적인 시기로 최대의 효율성을 보인단다. 중년은 나무가 아니라 숲을 보는 통찰력이 있으며 부분보다 전체를 조망할 수 있는 지혜로운 시기라는 것이다.

내 나이 올해 마흔넷, 40대 초반도 아닌 중반, 틀림없는 중년이다. 90세까지 산다는 가정 아래 인생의 절반을 살았고 절반쯤 남은 시점, 새로운 일을 시작했다. 바로 임산부와 여성을 위한 영양제를 개발하는 기업의 홍보로 마케팅 매니저가 된 것이다. 지금까지 했던 일과 달라 생소하지만 중년의 통찰력과 지혜로 헤쳐나가리라 다짐한다. 인생이 재미있는 것은 미래를 알 수 없기 때문이다. 우리 가족에게 셋째가 찾아올 지도, 전혀 새로운 일에 도전하는 것도, 미처 예상치 못했던 일이다. 그리고 이 모든 것은 인생의 중반기를 지나는 시기, 바로 중년에 시작됐다.

여기서 친정 아버지 얘기가 빠질 수 없다. 아빠는 올해 일흔하나가 되셨다. 인생의 중년을 지나 노년기를 맞은 것이다.

아빠는 여전히 크고 건장한 체격이지만 젊을 적 모습과는 사뭇 다르다. 머리숱이 눈에 띄게 줄었고 남은 머리카락은 희게 변했다. 하지만 아빠의 열정은 청년의 그것 못지않다. 우리 가족은 아버지가 은퇴 후 취미 생활을 즐기며 여유롭게 지내시리라 생각했지만 아빠의 계획은 달랐다. 그동안 해왔던 일과 전혀 무관한 새로운 일을 시작하겠다고 선언한 것이다. 우리나라도 아니고 사회주의 국가인 베트남에서 호텔 사업이라니.

아빠는 지난 2018년 여름, 몇 차례 고비와 위기가 있었지만 하노이에 한국인을 위한 비즈니스 호텔 '호텔 더 하노이'를 오픈했다. 당시 아빠의 나이 예순 하고도 일곱이었다. 우리는 아빠의 열정에 혀를 내둘렀다. 나이는 숫자에 불과하다는 건 아빠를 두고 하는 말 같았다. 베트남을 오가며 사업을 하는 한국인들에게 입소문이 나며 호텔 사업이 천천히 궤도에 오르던 차, 코로나라는 거대한 쓰나미를 맞아 최근 어려움을 겪고 있다. 베트남에서 일하는 많은 이들이 사업을 접고 고국으로 돌아왔지만 아빠는 여전히 하노이와 서울을 오가며 일에 매진하고 계신다. 가족들은 건강 등을 이유로 귀국을 권했지만 아빠는 일하는 즐거움이 곧 늙지 않는 비결이라 말씀하신다.

아버지를 보며 인생의 시계는 정해진 것이 아니라 각자 만들기 나름이라는 것을 느낀다. 최근에는 은퇴하는 60세를 일컬어 '액티브 시니어'라고 부른단다. 은퇴가 곧 끝이 아닌 새로운 일을 시작하는 시기이기 때문이다. 김병숙 교수의 저서《은퇴 후 8만 시간》에 따르면 한국인은 60세 은퇴 전까지 8만 시간 정도 일한다고 한다. 그리고 인생 2막인 노년기에도 비슷한 8만 시간이 주어지는 것이다. 이는 60세에 은퇴 후 100세까지 산다고 가정하고 하루 여가 시간 11시간 중 절반을 일할 경우를 가정해 산정한 결과다(은퇴 후 8만 시간=5.5시간×365일×40년). 이렇게 따지면 중년의 시기에 새로운 일을 시작하기 어렵다는 건 투정이다. 실패가 두려워 시도조차 못 하는 건 어리석은 일이다.

양궁 선수들은 활을 쏠 때 일단 첫 화살을 당긴 후 어디에 맞혔는지 확인하고 다음 화살을 준비한다고 한다. 첫 번째 화살을 쏜 뒤 두 번째 활시위를 어디로 당길지 가늠하는 것이다. 화살을 나이로 치면 인간의 화살통에는 저마다 몇십 개의 화살이 담겨 있다. 첫 화살이 과녁에 제대로 꽂히지 않았다 해서 세 번째, 네 번째도 그러리란 법은 없다. 몇 번을 반복해 쏘다 보면 결국 한 번은 명중하는 날이 오지 않을까?

중년, 아직 늦지 않았다. 결과가 어찌 되든 일단 도전해보려 한다. 마흔 넘어 셋째를 낳고 다시 육아를 시작한 것처럼. 새롭게 시작한 일이 부디 좋은 결과를 맞기를, 과녁 한가운데에 명중하기를 빌어본다.

에필로그

"교수님, 안녕하세요!"

밝은 얼굴의 엄마가 갓난아기를 품에 안고 진료실을 찾았다. 1년여 전 시험관시술에 성공해 얼마 전 아기를 출산한 환자가 진료실을 찾은 것이다.

"교수님 덕분에 이렇게 예쁜 아기를 갖게 됐어요. 정말 감사합니다."

아기를 품에 안고 환하게 웃는 엄마의 얼굴이 기쁨으로 빛났다.

"축하드립니다. 아기가 엄마, 아빠를 꼭 닮았네요. 건강하게 잘 키우고 산모분도 몸조리 잘하세요."

그동안 아기를 갖기 위해 여러 해 노력하며 마음고생한 부부의 심정을 가까운 곳에서 지켜봤기에 그들의 기쁨이 남의 일처럼 느껴지지 않았다. 난임 의사를 하면서 가장 보람된 순간을 꼽으라면 아마 이런 때가 아닌가 싶다. 그토록 원하던 아기를 품에 안은 부모들의 얼굴은 세상 그 어떤 이들보다 밝고 아름답게 빛난다. 그들의 모습을 보면서 덩달아 화사해지는 마음은 글로 표현하기 어려울 만큼 감동적이다.

우리나라 초혼 평균 연령은 남녀 모두 만 30세를 넘겼다. 2021년 대한민국 평균 초혼 나이는 남자는 만 33.4세, 여자는 만 31.1세라고 한다. 결혼이 늦어진다는 것은 그만큼 난임 부부의 비율도 증가한다는 뜻이다.

우리 몸에서 노화에 가장 민감한 세포는 생식세포, 특히 난자다. 만 35세가 넘으면 난자의 질은 급격히 떨어지고 임신 확률 역시 낮아진다. 그러므로 개인에 따라 차이가 있기는 하지만 엄마 나이 만 42세가 넘으면 시험관아기시술을 하더라도 배아 이식 한 번당 임신율은 평균 10~20%를 넘기기 힘들다.

난임 전문의로 난임 부부들을 진료하다 보면 늦은 나이에 결혼해 임신이 잘 되지 않는 많은 부부를 만난다. 모두 사회생활로 바쁘다 보니 결혼이 늦어지고 임신이 잘되지 않아 병원에 찾아온 것이다. 의학적으로 결혼 후 정상적인 부부관계를 했음에도 1년 이내에 임신이 되지 않는 경우를 '난임'이라 칭한다. 그러나 만 35세 이후에 결혼한 부부라면 1년을 기다릴 것 없이 3~6개월 안에 임신이 되지 않으면 지체하지 말고 바로 난임 병원을 방문해 원인이 되는 질환이 있는지 검사를 받아보기를 권한다. 조금이라도 이른 나이에 문제를 발견하고 치료해 임신을 시도하는 것이 난임을 예방하고 극복하는 최선의 방법이기 때문이다.

가끔 나이가 많으면 임신이 아예 불가능한지 묻는 환자들이 있다. 물론 의학적으로 난임과 나이는 밀접한 관련이 있다. 그러나 나이가 많아도 임신에 성공해 건강히 출산한 사례는 얼마든지 있다. 최근 환자 중 한 명도 만 46세의 나이에 임신에 성공했다. 이 환자의 경우 임신에 성공하기 전까지 무려 열두 번의 시험관시술이 있었고 반복되는 착상 실패와 유산으로 몸과 마음이 모두 피폐해진 상태였다. 시험관시술 실패는 환자뿐 아니라 담당 의사에게도 큰 아픔이다. 그러므로 시험관시술을 하는 모든 순간, 나 역시도 최선을 다해 시술에 임하고 또 성공을 기원한다. 열두 번의 실패 끝에 마침내 임신에 성공하고, 이후 임신 10주가 지나 졸업(난임 병원에서 산과 병원으로 전원하는 것을 졸업이라 칭함)하는 날, 환자는 끝내 울음을 터뜨렸다. 그간의 고생을 알기에 눈물의 의미를 말하지 않아도 깊이 공감할 수 있었다. 앞으로 출산까지 때로는 고비가 있을 수 있겠지만 부디 무사히, 건강한 아기를 출산하기를 빈다.

늦은 나이에 임신을 하는 것이 얼마나 산모에게 힘든 일이며, 또 임신 이후 건강한 출산까지 이어지는 것이 얼마나 큰 축복인지, 난임 의사로서 잘 알고 있다. 그래서 더더욱 아내에게 감사의 마음을 전하고 싶다. 요즘 같은 저출산 시대에 세 명의 아이를 건강히 출산했다는 건 너무나 큰 축복이다. 특히 마흔이 넘은 나이에 셋째를 낳고, 육아의 부담까지 짊어진 아내에게 감사와 존경의 마음을 전한다. 또한 지금 이 시간에도 아기를 갖기 위해 노력하는 모든 부부에게 응원을 보내며, 앞으로도 난임 전문의로서 난임 부부들의 임신 성공을 위해 최선을 다하겠노라 다짐한다.

세 아이의 아빠이자 난임 전문의

이희준

노산이어도 괜찮아!

초판 1쇄 인쇄 2022년 7월 23일
초판 1쇄 발행 2022년 7월 29일

지은이 김보영 이희준
펴낸이 오혜영
교정교열 김민영
디자인 조성미
마케팅 한정원

펴낸곳 그래도봄
출판등록 제2021-000137호
주소 03925 서울 마포구 월드컵북로 400 5층 14호
전화 070-8691-0072
팩스 02-6442-0875
이메일 book@gbom.kr
홈페이지 www.gbom.kr
블로그 blog.naver.com/graedobom
인스타그램 @graedobom.pub

ISBN 979-11-92410-02-9 03590